한라별왕잠자리
생태관찰기록지

한라별왕잠자리
생태관찰기록지

글·사진
전형기

강원도 고성군

뜨란책방

부록

삼지연북방
잠자리

강원도 고성군 서식지 관찰을 통한
국내 최초의 한라별왕잠자리 생태 기록

▪ 서문 ▪

　　2023년 5월, 측범잠자리과의 잠자리들 서식지를 탐색해 보고자 동네 인근의 계곡을 오르내리던 중이었다. 억새와 활엽수 그늘이 드리워진 산길을 따라 걷던 중 웬 자그마하고 검은 잠자리 한 마리가 길을 따라 내게로 다가오고 있었다. 허리보다 좀 더 낮은 높이로 살랑거리며 날아오더니 사람이 있다는 것은 아랑곳도 하지 않고 바로 옆을 스치며 지나간다. 조금 내려가는가 싶더니 다시 방향을 바꾸어 역으로 올라와 또 스쳐 간다. 이렇게 하기를 여러 차례, 가끔은 내 앞에서 빤히 쳐다보고 가기도 하고 다리를 슬쩍 살펴보고 가기도 한다.

　　도무지 본 적 없는 잠자리라 정체를 알아볼 수 없는 중 지난해 이곳에서 이처럼 날던 잠자리가 떠올랐다. 바로 장수잠자리가 유사한 행동을 보였었는데 검은 몸빛과 언뜻언뜻 보이는 배의 노란 무늬들이 장수잠자리와 비슷해 보이기도 하였다. 그러나 장수잠자리는 거대한 크기이고 지금 보는 이 녀석은 절반도 못 돼 보이는 작은 녀석이라 갸웃거려졌다. 포획할 수 있는 도구도 없고, 거리와 방향 때문에 사진 촬영도 여의치 않은데 불편한 시력 탓에 자세한 무늬도 볼 수 없으니 답답하기 그지없었다.

결국 지인에게 도움을 청할 수밖에 없었다. "장수잠자리는 나올 때 작게 나와 나중에 커지나요?" 전화기 너머에서 지인의 무슨 말도 안 되는 소리냐는 커다란 웃음소리가 돌아왔다. 전화로 자초지종 설명을 했으나 눈앞에 보이지 않는 것을 나의 어설픈 설명으로 어찌 이해할 수 있으랴. 온갖 추측만 주고받다가 결국 포획 후 확인만이 해결 방법이란 결론으로 전화를 끊었다. 이때까지만 해도 지인으로서는 이곳 강원도 고성군에 한라별왕잠자리가 있으리라고는 꿈에도 생각지 못한 처지였다.

다음 날, 녀석을 만났던 장소와 시간을 그대로 똑같이 맞춰 찾아갔다. 오후 1시에 어김없이 나타난 녀석은 어제와 똑같은 행동을 하며 길을 오르내린다. 사람에 대한 두려움이 없어 내 곁을 스치듯 나는 데다가 높이도 낮으니 포획이야 식은 죽 먹기 아니겠는가. 단번에 포획 망에 들어온 녀석을 집어보니 난생처음 접하는 잠자리다. 화려함의 극치와 더불어 뚱뚱한 배 옆과 위에 박힌 오리온 상표 같은 별무늬. 바로 핸드폰으로 촬영하여 지인에게 전송했다.

"어어? 어? 그게 왜 거기서 나와요?" 충격에 휩싸인 지인의 버벅거리던 음성을 지금도 잊지 못한다. 2022년 가을, 이상한 고추잠자리 종류를 발견해 문의하였을 때 그것이 말로만 전해져 오던 '만주고추잠자리'임을 확인하고 난 순간도 이보다는 덜 경악했었다. 그렇게 한라별왕잠자리와의 인연은 시작되었다. 이후부터 지금까지 필자는 이 신비한 녀석을 관찰하기에 온 시간을 바쳤다.

국내에는 아무런 세부 생태 기록도 없는 상태에서 이 책과 부록은 최초의 한라별왕잠자리와 삼지연북방잠자리에 대한 종합 정보이며 안내서가 될 것이다. 모쪼록 관련 분야의 모든 이들에게 훌륭한 길잡이가 되길 기대한다.

이 책의 구성과 서술, 관찰 방법 등에 대한 아이디어는 많은 부분 김성호 교수의 "동고비와 함께한 80일"이란 책에서 얻었다. 일면식도 없지만 좋은 책을 세상에 내놓으신 것에 이 자리를 빌려 감사드린다. 무엇보다 잠자리에 관한 관심을 본격적으로 펼 수 있도록 초보자 수준부터 지금까지 이끌고 지도해 준 김종문 씨에게 깊이 감사한다. 소중한 책이 세상에 나올 때까지 곁에서 응원해 주고 지지해 준 가족들, 벗들과 함께 이 기쁨을 누리겠다.

2024년 7월 24일 樂愚齋에서

목차

일러두기 ··

이 책의 내용은 강원도 고성군 서식의 한라별왕잠자리만을 대상으로 한 기록이다. 만일 다른 지역에서도 본 종이 발견될 경우 서로 다른 자연, 지리적 환경에 기인한 다른 생태나 활동을 보일 수 있음을 미리 밝혀둔다.

I. 총론

I. 총론

한라별왕잠자리(*Sarasaeschna pryeri*)는 2009년 김성수에 의해 국내 서식종으로 처음 발표된 종으로서, 제주도에서 채집된 개체를 통해 알려졌다.[1] 발표자는 발견된 장소에 따라 '한라별박이왕잠자리'로 국명을 제안하였으나 별박이왕잠자리와는 속(屬, Genus)이 달라 '한라별왕잠자리'로 결정되었다.

이 종은 제주도에서만 서식이 확인되고 있으나, 전북 부안 연습림에서 2004년 6월 3일과 2019년 6월 1일 채집된 것으로 기록된 한 쌍이 전북대학교에 보관되어 있다.[2] 최근에는 경남 양산에서 우화각 1개를 발견하였다는 일반인의 제보를 듣고 방문한 이들로부터 성충을 목격하였다는 이야기가 전해진다. 사정이 이러하나 현재까지 유충과 성충의 활동을 분명하게 관찰할 수

---

1   김성수, "제주도 한라산에서 채집한 한국 미기록 왕잠자리과 1종과 청동잠자리과 1별아종에 대하여", 한국나비학회지, 2009, PP. 19: 35~37

2   https://blog.naver.com/deyrolli/222379831801

있는 곳은 일반적으로 제주도뿐이라 여기고 있다. 그나마도 성충 개체 수가 희박하여 쉽게 볼 수가 없고, 유충도 지금껏 겨우 몇 개체만 확인이 가능했을 정도여서 국내 왕잠자리류 중 가장 관찰이 어려운 종으로 알려져 왔다. 이러한 사정으로 아직 국내에서는 이 종에 대한 자세한 생태관찰이나 연구 보고서가 존재하지 않아 종 관련 정보는 대부분 일본 측의 자료에 의지하고 있는 형편이다.

필자는 2023년 5월 25일 강원도 고성군에서 본 종을 우연히 발견하게 되어 관찰을 시작한 결과 서식지 3곳을 특정

〈그림 1~2〉 최초 발견 개체
(2023. 5. 26.)

하였고 상당히 풍부한 개체가 본 지역에 서식하고 있음을 알게 되었다. 2024년 새로운 서식지를 추가해 가며 지속적으로 관찰함으로써 유충, 산란, 짝짓기에 이르는 모든 생태를 낱낱이 살핌으로써 국내 최초로 본 종에 대한 종합적 정리를 할 수 있게 되었다.

〈그림 3〉 수컷(옆)

〈그림 4〉 수컷(위)

〈그림 5〉 암컷(옆)

〈그림 6〉 암컷(위)

1. 서식지 개관

현재까지 발견된 서식지는 5곳으로 야산 골짜기 묵논 3곳과 묵논 위 습지 1곳, 산지 계곡 1곳이다. 이들은 모두 높은 산으로부터 이어져 내려온 능선의 끝자락이다. 이로 볼 때 본 종은 야산 골짜기 묵논과 그 주변을 가장 선호하는 것으로 여겨진다.

야산 골짜기에 논을 만든 이유는 가장 위쪽에서 용천수가 발생하기 때문이다. 그 용천수가 차례로 흘러내려 가기 위해 논들이 약간의 경사를 이루고 계단식으로 이어진다. 이렇게 만들어져 경작되던 골짜기 논들이 묵논이 되는 이유는 두 가지다. 우선, 용천수의 수량 변화로 논에 충분한 양의 물을 댈 수 없는 경우다. 충분한 양의 물을 공급할 수 있는 못이 맨 위쪽에 마련되어 있지 않은 경우는 더더욱 그러하다. 다음은 접근성의 문제로 직접 경작하기도 타인에게 임대하기도 불편한 경우다. 이런 이유로 묵논이 된 장소들에서 분명한 것은 바닥 흙을 적실 수 있을 정도의 물이 항상 공급되며, 접근성이 좋지 않아 인적이 드물다는 사실이다.

이상의 내용으로 본 종의 서식지를 일괄한다면, 높은 산으로부터 이어져 내려온 능선 끝자락[3]의, 용천수가 발생하는 야산 골짜기에 위치한 묵논, 습지, 계곡이라 할 수 있다. 묵논이나 습지의 경우 골짜기의 가장 끝쪽, 즉 산의 숲과 맞닿는 곳이 주 서식지이며 안쪽에 오리나무 등 몇 그루의 활엽수 나무가 서 있어 그늘을 만드는 곳은 서식의 최적지이다.

특기할 만한 것은, 이들 서식지에서는 빠짐없이 삼지연북방잠자리도 관찰되며 유충도 근처에서 함께 발견된다.[4]

서식지 1은 산지 계곡으로, 민가 끝에서부터 직선거리 약 1.5킬로미터에 이르는 긴 계곡이다. 2023년 5월 25일 본 종이 최초 발견된 곳이다. 양쪽으로 위치한 나지막한 야산 사이로 물길이 흐르며, 수량은 많지 않아 건조기에는 거의 농경지 옆 도랑물 수준이다. 계곡 폭은 수로 옆 좁은 산길까지 포함하여 약 10여 미터 정도이며, 가장 상류에서 용천수가 발생한다. 중간에 유입되는 물길은 없으나 군데군데 야산으로부터 발생하는 적은 양의 용천수가 스며들어 하류에서는 작은 규모의 냇물 정도가 형성된다.

산길 옆 수로 바닥은 전체적으로 습기가 충분한 축축한 진흙이 많으며 작은

---

3 발견된 서식지 5곳과 다름없는 좋은 환경이 갖추어진 3곳이 있었으나 이곳에서는 본 종을 볼 수 없었다. 차이라면 이 3곳의 야산은 큰 산맥과는 별도로 떨어져 독립적으로 형성된 산이라는 점이다.

4 본 종의 서식지에서는 빠짐없이 삼지연북방잠자리의 활동을 관찰하게 되나, 삼지연북방잠자리가 활동하는 곳에서 반드시 본 종을 관찰할 수 있지는 않다.

〈그림 7〉 최초 발견 개체가 비행하던 산길

물길이 중앙, 또는 수로 변을 따라 흐르며 구불구불 이어진다. 수로에는 억새와 갈대가 혼재하며 최상류까지 빼곡하게 들어서 있으며 그 마른 잎들이 바닥 면을 덮고 있어 출입과 관찰이 어렵다. 억새와 갈대 군락 사이로 물길을 따라 오리나무가 흔하며 그 외에 버드나무나 산벚나무도 있으나 주종은 오리나무이다. 수로에는 군데군데 움푹하게 파인 웅덩이도 있고, 보가 설치된 정수 구역에서는 작은 못의 모습을 갖추기도 한다. 계곡 중간쯤에는 다소 넓은 정수 구역이 있어 작은 연못 규모이나 수심은 무릎보다 조금 더 올라갈 정도이며 가뭄기에는 발목 정도이다. 수로 옆의 좁은 산길은 군데군데 물이 고여 있거나 질척한 습기를 지닌 진흙 토질로 돼 있으며, 수로 쪽에는 갈대나 억새, 산 쪽에로는 참나무나 오리나무, 아까시나무 등의 활엽수가 서 있다. 산 쪽과 맞닿은 길가에는 오래된 낙엽 퇴적층이 두껍게 깔려 있다.

이 산길에서 처음으로 본 종을 발견하였으며, 허리 높이로 길을 따라 오르내리며 비행하는 모습이 발견되었다. 당해 연도 6월에 이 길의 습기 많은 장소에서 억새로 그늘이 드리워진 곳의 땅에 박힌 썩은 나무토막에 산란하는 암컷

〈그림 8〉 서식지 1 전경

도 관찰되었다. 전체적 서식지 범위가 크다는 점과 빼곡한 억새 및 갈대로 인한 관찰 여건의 불편으로 유충 채집은 물론 우화각이나 우화 개체를 확인하는

〈그림 9〉 서식지 1의 산란 장소

것은 우연에 맡길 수밖에 없다.

　　서식지 2는 두 야산 사이로 안겨 있는 묵논골로 2023년 6월 2일 발견하였다. 맨 위쪽에는 용천수에 의해 물이 차는 못이 있다. 이 못의 물이 작은 물길을 이루며 경사진 계단식 지형을 따라 흘러내려 아래 논들을 적신다. 수량이 많지 않아 논바닥 전체에 물이 고일 정도로 공급되지는 못하지만 부분적으로 축축한 상태를 유지시킬 수는 있다. 총 4단계의 묵논 중 맨 아래쪽 묵논에서 가장 활발한 활동이 관찰되는데, 이곳엔 다른 곳들보다 많은 물기와 작은 웅덩이들이 있다. 마지막 논 측면으로도 2개의 묵논이 있으며 여기는 위쪽의 또 다른 용천수 발생지에서 물이 스며든다. 이곳에서도 암컷의 산란 시도가 관찰되며 수컷이 즐겨 영역 비행을 한다.

〈그림 10〉 서식지 2 전경

〈그림 11〉 서식지 2의 산란 장소

모든 묵논 안쪽은 억새와 갈대가 혼재되어 빼곡히 차 있으며, 주변은 아까시나무들이 밀집된 숲을 이루고 있다. 그 외 버드나무, 참나무, 오리나무가 몇 그루 서 있다. 오래전 벌목한 나무들을 쌓아놓은 큰 무더기들이 주변에 다수 발견되며 그 무더기 바닥이 습기를 지닌 곳이 많다. 묵논은 전체적으로 억새와 갈대의 마른 잎들이 풍성하게 덮여 있고, 상부의 용천수가 스며드는 구간 주변으로 습기가 많은 진흙 토질이 형성되어 있다. 마지막 묵논의 경우, 위쪽과의 경계 부분 둑이 습기를 다량 함유하고 있으며, 둑 위로 선 참나무, 아까시나무들로 인해 그늘이 형성되어 있다. 군데군데 움푹 파인 작은 웅덩이들에는 갈대와 억새의 마른 잎들이 두껍게 쌓여 있다. 둑 아래로부터 2미터가량의 공간은 갈대나 억새의 높은 대가 없거나 성긴 탓에 낮게 비행하기에 좋다. 이곳에서 수컷의 비행과 암컷의 산란 시도가 포착된다. 나머지 묵논들에서는 키 큰 억새나 갈대 위로 비행하는 수컷들이 관찰된다.

서식지 3은 산자락에 맞닿은 농경지 위의 야산 골짜기 지형 속에 위치한, 계단식으로 이어지는 묵논들이다. 2023년 6월 4일 발견하였다.

〈그림 12〉 서식지 3 전경

서식지 2와 마찬가지로 맨 위쪽에 용천수가 솟아 물이 차는 아주 작은 못이 있고 그곳에서 가늘게 물길이 흘러내린다. 중간중간 묵논 구석에서 또 다른 용천수들이 발생하는 곳도 있어 각 논들은 바닥에 비교적 풍부한 습기를 유지하고 있다. 9개의 작은 규모 논들에는 갈대와 억새가 혼재하여 빼곡히 들어차 있다. 주변으로는 참나무 등의 활엽수가 울창하고, 위로 갈수록 좁아지는 지형이라 위의 묵논 5개에는 전체적으로 그늘이 형성되어 있다. 여섯 번째 논부터는 넓은 개방형으로 이루어져 있다.

〈그림 13〉 묵논 안쪽 모습

〈그림 14〉 산란이 이루어지는 주된 공간

맨 위쪽 두 논은 억새가 바닥 전체에 사초과 식물처럼 깔려 있고, 바닥은 위에서 흘러내려 온 용천수가 스며들어 전체적으로 습기가 축축하지만 안쪽에 오리나무 등의 활엽수가 없어 낙엽 퇴적이 빈약하다. 움푹 파인 웅덩이도 없이 전체적으로 평탄하다. 그러나 세 번째부터 다섯 번째 묵논 안쪽에는 다수의 오리나무들이 서 있다. 본 종의 관찰은 이 세 번째 묵논부터 가능하며, 골짜기의 폭이 넓어지며 개방형 공간이 되는 여섯 번째 논 이전까지 가장 많은 유충과 산란이 관찰된다. 주된 산란이 이루어지는 이 3개의 묵논은 바닥의 물기가 전체적으로 고르게 형성되어 있으며 작은 웅덩이 한두 개 정도가 있다. 억새나 갈대의 마른 잎이 매우 풍부하게 깔려 있고, 활엽수 낙엽 퇴적층도 두껍다. 내부에 오리나무가 다수 서식하며, 나무 밑동에 잔가지 잔해물이나 마른 풀잎, 낙엽 등이 덮여 있고 습기가 많다. 건기에는 다소 표면이 마르기는 하지만 지면보다 약간 낮은 일부 구간에는 습기가 잘 보존된다. 작은 웅덩이에는 약간의 물이 항상 보존되어 있다.

이 3개 묵논 아래의 다른 묵논들은 다소 넓은 개방형으로 이곳들에서는 주로 구석의 그늘진 곳에서 앉아 대기하는 수컷들을 관찰할 수 있다. 각 논들의 구석 쪽에는 산비탈의 키 낮은 작은 활엽수 또는 소나무로 인해 드리워지는 그늘 영역이 형성되는데 바닥은 위로부터 스며든 물기가 촉촉한 곳이 많다. 그곳에서 영역 비행을 하거나 나뭇가지, 식물 줄기 등에 앉아 휴식하는 개체가 관찰된다.

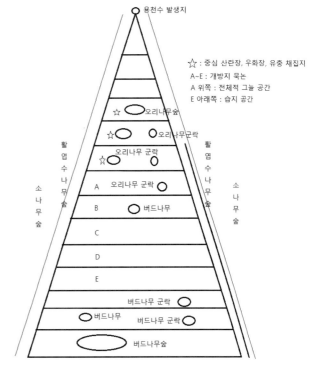

〈그림 15〉 서식지 3의 전체 모습

활동 후반기로 접어들면 인근의 소나무 숲이나 잡목림 부근 산길의 그늘 영역에서도 활발한 활동이 관찰된다. 이 서식지 3은 서식지 5곳 중 개체 수가 가장 풍부하며, 접근성이나 관찰 여건이 좋다. 또한 유충 채집과 우화, 산란 활동 등을 쉽게 관찰할 수 있어, 서식지 개념의 기준을 유충 확인 및 산란과 우화로 삼는다면 서식지 3은 명확하게 특정할 수 있는 곳이다.

서식지 4는 2024년 6월 새로이 발견되었다. 마을 인근 야산 골짜기의 묵논들이 있는 곳으로, 넓고 큰 규모의 묵논들 4개가 약간의 경사를 유지하며 이어져 있다. 그 4개의 묵논 위쪽에 연못이 하나 있으며, 그 연못을 넘어 또 위쪽으로는 약간의 습지 공간과 묵논 하나가 더 있다. 맨 위 묵논 위에 또 하나의 작은 못이 있다. 그 위로는 좁은 산골짜기 숲이 이어진다. 서식지 3과 마찬가지로 전체적으로는 위로 갈수록 좁아지는 골짜기 모습이다.

산골짜기에서 흘러나오는 용천수 물길은 맨 위쪽 못에 고이고 다시 아래로 물길을 이루며 흐르는데, 골짜기 상부 용천수 외에도 왼쪽 산지에서 발생하는 또 다른 용천수들로 인해 다른 서식지와 달리 이곳은 수량이 풍부하다. 왼쪽 산자락과 묵논 사이에 도랑이 만들어져 있는데 아래쪽으로 갈수록 많은 양의 물이 흐른다. 위쪽 묵논의 경우는 발목 이상, 아래쪽 묵논들은 종아리까지 잠길 정도로 풍부한 물을 간직하고 있다. 오른쪽 산 밑은 넓은 산길이 나 있는데 소나무 숲이 울창한 가운데 길가로는 활엽수들도 늘어져 그늘을 형성해 준다.

중간 연못 아래의 묵논들 안쪽은 억새와 골풀이 혼재하여 가득하며, 봄철 이곳은 매우 많은 수의 배치레잠자리 개체와 넉점박이잠자리, 중간밀잠자리 개체가 서식하며, 그 외 먹줄왕잠자리, 참실잠자리 개체 수도 매우 풍부하다. 서식지 1과 같은 계곡이 아님에도 장수측범잠자리[5]도 심심찮게 나타난다.

중간 연못 위쪽 묵논 또한 억새로 가득한 것은 동일하나 아래와 달리 바닥에 고인 물이 적고 군데군데 움푹한 웅덩이들도 있다. 또한 안쪽으로는 오리나

---

5   보통 '어리장수잠자리'로 불리고 있으나 측범잠자리류는 측범잠자리로 부르는 것이 타당하다고 생각되어 "한반도 잠자리 곤충지"(김종문 외)의 명칭을 따르기로 한다. 이후 모든 잠자리 명칭은 이 책을 따른다.

무, 버드나무를 비롯 다수의 작은 나무들이 서 있다. 이 묵논 옆 산길에서 짝짓기 중인 암수 한 쌍을 만난 것이 서식지 발견의 시초였다. 묵논 바로 위로 이어지는 좁은 산골짜기 입구에서 수컷의 영역 비행도 당일 확인되었다.

〈그림 16〉 서식지 4의 맨 위 묵논

중간 연못과 맨 위 묵논 사이의 습지 공터에는 버드나무와 아까시나무가 혼합된 숲이 형성되어 있는데, 맨 위 묵논보다 지대가 낮아 산길에서 보면 움푹 꺼진 상태로 연못과 이어진다. 나무들이 엉켜 만들어진 그늘은 어두우며 바닥 쪽은 위에서 스며든 물기로 습도가 높고 부분적으로 물기가 촉촉한 흙이 깔려 있다. 약간 움푹하게 들어간 웅덩이 형태의 공간도 몇 있으며, 여기저기 부식된 나무토막과 낙엽층이 보인다. 이 습지 공간이 가장 주된 산란장으로, 절정기에 3~4마리의 수컷이 거리를 두고 암컷을 기다리며 앉아 있음은 물론 암컷이 자주 도래하는 곳이다.

〈그림 17〉 산길에서 내려다본 서식지 4의 습지 공터

〈그림 18〉 습지 공터 내부와 산란 장소

그 외에도, 맨 위 묵논에서 이어지는 산 숲 입구의 아주 작은 자연 물길에 있는 조그마한 웅덩이도 관찰 장소이다. 이 물길은 큰비가 올 경우에만 물이 흐를 법한 곳이지만 웅덩이 바닥에서 약간의 용천수가 발생한다. 웅덩이 내부는 물기와 나무 잔가지 잔해, 젖은 낙엽 등을 지니고 있으며 둘레는 이끼 낀 나무뿌리가 드러나 있기도 하다. 웅덩이가 있는 곳 주변은 나무가 듬성듬성 서 있어 반그늘 정도의 환경을 이루며, 웅덩이가에 바로 오리나무가 있어 정오를 제외하면 조금 더 그늘을 지어준다. 규모가 작은 웅덩이라 여럿의 수컷이 앉을 수 없어 매번 단 한 마리의 수컷이 우위를 차지하고 앉아 있으면서 다른 수컷들을 물리친다. 이곳에도 암컷은 자주 나타나며 짝짓기도 이뤄진다.

〈그림 19〉 숲 입구 자연 물길 도중의 웅덩이와 산란 장소

서식지 5 역시 2024년 6월 새로이 발견되었다.

앞의 묵논 서식지들과 마찬가지의 환경이 갖추어진 곳으로, 위로부터 넓은 3개의 묵논이 계단식으로 이어져 있다. 그 아래는 밭으로 사용했던 넓은 땅인데 현재 풀로 가득 덮여 있다. 산과 묵논 사이로 작은 도랑이 있는데 이는 위쪽 산골짜기에서 발생한 용천수의 흐름으로, 수량은 많지 않아 졸졸 흐르는 정도이다.

〈그림 20〉 서식지 5 전경

맨 아래 묵논의 경우 전체적으로 발목이 잠길 정도의 물이 고여 있고 군데군데 웅덩이에 좀 더 깊게 고인 물도 있다. 여기에는 배치레잠자리, 넉점박이잠자리, 중간밀잠자리, 참실잠자리들이 매우 풍부하게 서식하며 꼬마잠자리도 관찰된다. 위쪽의 두 논은 전체적으로는 습기를 많이 머금은 논흙이고 군데군데 웅덩이가 있어 발목 정도의 물이 고인 곳이 많다. 세 논 모두 억새와 골풀들로 가득 차 있으며, 맨 위 논에만 안쪽에 작은 나무들 몇 그루가 서 있다.

맨 위쪽 둑은 오래된 키 큰 나무들이 늘어서 그 무성한 잎들이 그늘을 만든다. 둑 위쪽으로는 작은 폐가가 한 채 있는데 이전에 사찰로 쓰였던 건물이며 주변은 다양한 나무들로 가득하다. 건물 뒤편은 키 낮은 풀과 억새로 이루어진 작은 밭 모양의 습지가 산자락 끝까지 이어진다. 이 습지 주변 나무 그늘에서 본 종 수컷의 활동을 목격함으로써 서식지로 추가되었다.

습지가에는 작은 자연 물길이 있으며, 서식지 4의 산골 웅덩이와 유사한 웅덩이형 공간이 있다. 곁에 바로 서 있는 중간 키 정도의 나무로 적절한 그늘이 지며, 바닥은 촉촉한 흙과 나뭇가지 잔해, 약간의 낙엽 등이 깔려 있고, 주변엔 이끼 낀 돌과 드러난 나무뿌리도 보인다. 이 웅덩이형 공간이 암컷의 산란 장소로, 수컷이 항상 암컷을 기다리며 앉아 있는 장소이다.

〈그림 21〉 웅덩이형 공간과 산란 장소

2. 유충

2-1. 채집지

유충은 관찰 어건이 가장 편리한 서식지 3에서 채집했다.

4월 말부터 5월 초까지 유충을 채집한 결과, 퇴적된 낙엽층 위로 약간의 물이 보일 정도로만 잠겨 있는 약간 낮은 지대에서 상층 낙엽 사이에 숨어 있는 아종령 한 개체와 전아종령 두 개체, 용천수가 흘러드는 웅덩이에서 역시 낙엽 사이에 있는 종령과 아종령 각 한 개체, 물 없이 습기만 있는 나무 밑동의 퇴적 낙엽 아래 부엽토에서 종령 한 개체를 얻었다. 유충들은 한곳에 다수 집결해 있지 않고 개별적으로 산재해서 발견되었는데, 이는 대상 채집지가 평지형 묵논으로서 일부 장소가 지면보다 약간 낮아지는 정도일 뿐, 전체적으로 토양에 습기가 골고루 배어 있고 낙엽과 억새 마른 잎이 충분히 퇴적되어 있어 유충들이 산재해 서식할 수 있는 환경이기 때문이다.

〈그림 22〉 물에 잠긴 낙엽층

〈그림 23〉 웅덩이

〈그림 24〉 나무 밑동

〈그림 25〉 전아종령

〈그림 26〉 아종령

〈그림 27〉 종령

2-2. 생장과 우화

채집하는 과정과 결과를 바탕으로 볼 때, 본 종 유충은 물에 몸을 담글 수 있는 환경에서 생활하기도 하지만 전혀 고인 물이 없는 환경에서도 습기만 충분하면 무리 없이 생활한다고 파악되었다. 물에서 생활하더라도 종령기에 다다를수록 물보다는 안쪽에 수분이 넉넉한 낙엽 퇴적층과 그 아래 부엽토에서 생활한다. 주간에는 주로 퇴적된 낙엽 뒷면에 붙어 몸을 숨기고 있으며, 야간을 이용하여 섭식 활동을 하는데 이 과정에서 본래 있던 장소로부터 주변 다른 장소로의 이동이 일어나기도 한다. 우화 시기가 가까울수록 물 없이 습기만 축축한 낙엽, 또는 억새 등 식물의 마른 잎이 쌓인 나무 밑동으로 이동하여 우화 시기를 기다린다.[6]

〈그림 28〉 우화각이 많이 발견되는 오리나무 밑동

초기의 우화는 나무 위 대략 2미터 정도의 높이에서 일어나며, 3미터 남짓한 높이에서 일어나기도 한다. 나무의 본 기둥보다는 가지에서 뻗어 나온 작은 곁가지나 잎의 뒷면을 이용하며 완전히 개방된 마른 나뭇가지에서 우화하는 경우도 자주 있다. 우화가 일어난 나무는 거

---

6 이상의 내용은 서식지 3만을 통해 정리한 것이며, 서식지 4나 5처럼 우기에만 잠깐 물이 고일 수 있을 뿐 나머지 시간에는 거의 말라 있는 곳도 있다는 점에서 단정할 수는 없다. 과거 일본에서는 본 종의 유충이 물 없는 곳에서 산다고 추측하기도 했고, 이후에는 다시 물웅덩이에 산다고 하기도 했듯이 아직까지는 본 유충의 정확한 서식 환경을 확정할 수는 없다.

의 다 묵는 중앙 쪽의 오리나무이며 가장자리의 다른 종류 나무들에선 발견할 수 없었다. 시기가 진행될수록 점차 억새 등 주변 식물도 이용해 우화하는데 역시 중앙부 오리나무 근처 위주이며, 변두리 쪽의 다른 나무들(버드나무, 참나무 등) 주변에서는 우화나 우화각을 볼 수 없었다.[7] 우화 장소는 주변 나무들과 우거진 나뭇잎들로 그늘이 진 곳이며 햇빛을 직접 받는 개방된 공간에서는 드물게 한두 개 정도만 발견된다. 우화 자세는 대부분 억새 등의 식물 잎사귀 끝쪽, 나무 곁가지의 가는 끝쪽에서 매달린 자세로 우화하며, 식물의 줄기나 나무 본기둥 등에 수직으로 앉아 우화하는 경우는 매우 드물게 보인다.

우화는 보통 아침 7시를 전후하여 시작되며, 우화 후 날개가 완전히 펴질 때까지 그 자리 또는 약간 벗어난 곳에서 몸을 말리고, 날개가 충분히 마르면 인근 다른 나무의 잎사귀 무성한 가지로 이동하여 가지나 잎 뒷면에 붙어 매달려 있다. 몸과 날개가 충분히 마르면 인근의 숲으로 사라지며, 때로는 그 자리에서 하룻밤을 보내고 다음 날 아침 해가 뜨면 사라지기도 한다.

우화는 5월 10일경 시작되었으며, 19일에 가장 왕성하게 우화하였다. 왕성한 우화 시기엔 오전 11시경까지도 우화하며, 오전에 이슬비가 내리고 개면 오후 1시 무렵에도 우화한다. 왕성한 우화 시기에는 나무 밑동이나 지면에 낮게 솟아 있는 작은 나뭇가지, 주변의 억새나 고비의 잎 뒷면 등을 이용해 낮은 곳에서도 다수가 활발히 우화한다. 절정기 뒤로는 하루 3~4마리 수준으로 진행되다 점차 1~3마리로 적어진다. 이때에는 이른 시간 빛이 어두울수록 나무 위

---

7   이 또한 서식지 3의 경우에 관한 내용이며, 나머지 서식지에서는 산란지에 오리나무가 아닌 다른 종류의 나무들이 서 있으나 우화각은 발견할 수 없었기에 비교 기술할 수 없다. 산란 장소와 우화 장소가 일치하여 관찰되는 곳은 서식지 3의 경우이며, 따라서 관찰 결과를 기술할 수 있는 곳도 이곳뿐이다.

〈그림 29~32〉 우화의 다양한 모습

가지에서 우화하며, 늦은 시간 빛이 밝을수록 바닥층에서 우화한다.

우화 개체는 날개가 펴지고 어느 정도 마르기 전까지는 사람이 가까이 가도, 심지어 건드려도 날아가지 않는다. 우화 직후 접혀 있던 날개는 시간이 지나면서 활짝 펴지고, 날 수 있을 만큼 충분히 마르면 날개를 떨기 시작한다. 가벼운 바람이 불면 더 활기차게 떤다. 상황에 따라 차이가 있으나 날개 떨기는 수십 분이 걸리기도 한다. 날개 떨기를 마치면 바로 수직으로 날아올라 주변 나무 위의 가지나 잎에 앉는다.

우화부전이 일어나기도 하여 2024년 수집된 우화각 62개와 우화각을 수거하지 못한 2건의 우화를 합하여 64건의 우화 중 6건의 우화부전을 목격하였다. 우화 시기 후반에 지면 가까운 낮은 곳에서 우화한 경우에 주로 목격되었으며, 세 마리 우화 중 두 마리가 우화부전인 경우도 있었다. 2미터 내외의 나무 위 우화에서는 우화부전을 1건도 보지 못했으나, 앞의 6건이 모두 억새잎, 식물의 마른 줄기, 나무 밑동 근처의 작은 가지, 나무 밑동보다 조금 더 올라온 본 기둥 등 낮은 곳에서 우화한 경우였다.

〈그림 33~34〉 우화부전

<그림 35> 2024년 서식지 3에서 수거된 우화각

이때까지 우화 직후의 우화각이나 기존 우화각들을 수집하며 살펴본 결과 먼저 우화가 일어났던 나뭇가지나 억새잎, 지면의 잔가지에서 또다시 우화한 개체는 1건도 없었다. 동시에 같은 나무를 올랐더라도 같은 가지를 이용하는 경우도 없었다.

우화는 6월 4일 암컷 3개체로 종료되었다. 이 시기 우화는 본격적으로 발생하던 장소가 아닌 좀 더 변두리 쪽에서 일어났는데, 둑 위의 억새잎에서도 발견되었다. 초기와 마찬가지로 후반일수록 암컷의 우화가 더 많이 목격되었다. 전체 기간 중 우화의 암수 비율은 2024년도 기준으로 볼 때는 암컷의 우화가 훨씬 더 많이 목격되었다. 6월 4일까지 수집된 우화각들을 분류해 본 결과로도 암컷 37개체, 수컷 22개체, 파손으로 확인할 수 없는 것 3개체였다. 우화가 종료된 후에도 매우 드물게 한두 마리가 뒤늦은 우화를 하는 경우가 간혹 보였다.

우화 후 활동을 시작하기까지는 대략 2주 정도가 필요한 듯하여, 서식지 1의 경우 2024년 5월 23일에 산길을 오르내리는 수컷이 처음 관찰되었다. 이 시기 인근에서는 산측범잠자리가 우화하여 나무 위로 날아오르는 모습을 볼 수 있었고, 갓 성숙한 잔산잠자리의 비행 모습이 관찰되었다. 서식지 3의 경우 5월 13일에 첫 우화를 목격한 뒤 27일 오후 2시경 묵논 억새잎 위를 나는 수컷의 활동을 처음 관찰할 수 있었다. 첫 우화 시작 후 한 달 정도면 개체들의 왕성한 본격 활동을 관찰할 수 있다.

2-3. 유충의 생태적 특징(실내 사육을 통한 관찰)

유충은 주변에서 움직임이 감지되면 그대로 행동을 멈춰 건드려도 뒤집어도 전혀 미동도 하지 않고 한동안 그대로 있다. 이러한 점은 유충이 낙엽 뒷면에 붙어 숨어 있는 것과 더불어 발견이 어려운 주요 이유이다. 또한 서식 장소에서 쉽게 볼 수 있는 억새의 묵은 뿌리 조각과 유충의 모양 및 무늬가 거의 흡사하여 채집 시 자주 혼동하게 된다.

사육을 통해 관찰한 결과 공격성이 매우 적어 동종의 어린 개체는 물론 타종의 어린 개체에게도 접근하지 않았다. 입이 작은 편이어서, 서식 공간을 공유하지만 얕은 물 속에서 생장하는 삼지연북방잠자리 유충과 비교해도 더 작다. 소형 곤충들이 사는 퇴적된 낙엽 사이에서 활동하는 까닭으로 여겨지는바 인공 사육에서 기타의 다른 먹잇감으로는 한계가 있었고, 낙엽층에서 발견되는 가장 얇은 굵기의 실지렁이 정도에만 효과가 있었다. 그리하여 서식지의 부엽토와 퇴적 낙엽을 그대로 거두어 담고 적절한 습기를 유지시켜 준 결과 종령 암수 한 쌍의 실내 우화를 성공시킬 수 있었다.

〈그림 36〉 실내 우화 암컷

〈그림 37〉 실내 우화 수컷

3. 성충의 활동

성충은 수컷의 경우 초기에는 주로 우화한 곳 주변에서 조심스럽게 활동하며 자주 앉는다. 시간이 지날수록 활동 영역이 확대되어 근처의 풀밭이나 산길, 나무숲까지 활동 공간을 확장한다. 주로 구석진 곳의 나무 그늘이나 산비탈 그늘에서 활동하며, 대부분의 시간을 영역 안의 지면 가까운 낮은 곳의 나뭇가지나 풀대에 앉아 암컷을 기다리는 일로 보낸다. 앉아 있는 동안 인기척과 같은 주변 움직임에 대해 예민하지 않아 가까이 다가서야 날아오르는 경우가 많다. 날아오르더라도 그늘진 영역 안에서 낮게 천천히 비행하다 다시 자리에 앉는다.

〈그림 38〉 지면 가까이 낮게 앉는 수컷

〈그림 39〉 그늘 속에서의 영역 비행

산길에서 영역 활동을 하는 경우도 주로 주변에 그늘이 있는 곳에서 하며, 이때에는 산길을 위아래로 오르내리는 왕복 비행을 한다. 비행하는 동안 섭식 행동도 이루어지며 잠깐씩 주변 그늘 속으로 들어가 나뭇가지나 풀에 바닥 가까운 높이로 앉아 휴식을 취한다. 넓은 억새밭 위에서 선회 비행 하는 경우도 목격할 수 있으나 관찰 비율 면에서 그다지 자주 일어나는 행동은 아니다.

높은 기온을 기피하는 경향이 있어 한낮 땡볕이나 고온의 날씨에는 비행하는 모습을 보기 힘들며, 특히 활동 절정기를 지나 후반기에 이르면 개방된 공간에서의 비행보다 구석의 그늘 속에 낮게 앉아 암컷을 기다리며 섭식을 겸하는 모습으로 지낸다.

〈그림 40〉 산길 그늘에서의 영역 비행

〈그림 41〉 억새밭 위 공중 선회 비행

영역에 대한 집착이 매우 강하여 안으로 들어오는 다른 수컷은 물론 기타 곤충들(벌, 나비, 나방, 다른 종의 잠자리 등)을 대소 불문하고 맹렬히 공격하여 퇴치하며, 다른 곳으로 이동하려는 경우가 아닌 한 자신의 영역을 절대 벗어나지 않는다. 수컷이 자신의 영역으로 정한 곳은 암컷이 찾아들 만한 조건을 갖춘 곳으로, 이 영역에서 온종일 암컷을 기다리고 섭식을 하며 지낸다. 짝짓기를 해 먼 거리의 나무에 앉았다가도 끝나면 원래의 자리로 다시 돌아올 정도로 영역을 지키려는 의지가 강하다.

성충 활동은 6월 셋째 주 정도에 절정을 이루고 이후 개체 수가 현격히 감소한다. 이는 5월 19일 전후의 우화 절정기에 대응되는 것으로, 6월 20일 전후로 성충 개체 수가 급감하는데, 이로써 성충의 생애가 한 달 남짓이라고 볼 수 있다. 활동 마지막 시기엔 한두 마리 정도가 남아 7월 초까지 관찰된다. 본 종의 활동이 종료되는 시점으로 접어들면서 그 자리는 이제 삼지연북방잠자리의 무대가 된다.

암컷은 산란지를 찾아 배회하는 경우와 산란을 하는 경우를 제외하면 그 생활 모습은 아직 베일에 가려져 있다. 나머지 시간들을 어디서 무엇을 하며 지내는지 눈에 띄지 않아 관찰하기 어렵다.

〈그림 42〉 삼지연북방잠자리와 본 종의 크기

〈그림 43〉 2023년 서식지 3 마지막 개체
(2023. 7. 2.)

〈그림 44〉 2024년 서식지 3 마지막 개체
(2024. 6. 26.)

4. 짝짓기

짝짓기는 오전이 약간 더 활성적이나 오전, 오후 가리지 않는다고 볼 수 있다.

암컷은 억새 풀잎 위로 낮게 비행하며 산란장을 향해 날아오는데 직선 비행이 아니라 지그재그식으로 이곳저곳에서 멈칫거리며 난다. 수컷을 경계하며 몰래 산란지에 들어오려 애쓴다. 가급적 수컷의 눈길을 피할 수 있는 시간대나 공간을 이용하려 하는 모습을 볼 수 있다. 수컷이 다가오면 재빨리 달아나려 하나 움직임과 속도 면에서는 수컷이 더 월등하다. 그러나 빠른 수컷이라 해서 매번 성공하는 것은 아니다.

수컷은 그늘 공간에서 영역 비행을 하며 암컷을 기다리거나 산란지 바닥 가까이에 낮게 앉아 대기하고 있다. 산란지는 그늘인 데다가 본 종의 몸 색이 검은 빛이 많아 사람의 눈으로도 낮게 앉은 수컷을 발견하기가 쉽지 않다. 산란지를 향해 날아오는 암컷을 발견하면 암컷이 자리를 잡기 전 공중에서 재빨리 낚아채 부속기 결속을 이룬 뒤 공중에서 빙빙 돌며 생식기 결합을 시도한다. 이때 인근의 다른 수컷이 함께 달려들어 각축전이 벌어지기도 한다. 암컷이 산란지에 들어와 바닥에 앉는 것을 미처 보지 못하여 낚아챌 순간을 놓쳐버린 수컷은 암컷이 산란하는 곳 가까이에서 산란이 끝나길 기다린다. 그러다 산란을 마친, 혹은 산란 도중 자리를 이동하려 암컷이 날아오르면 때를 놓치지 않고 낚아챈다.

어느 순간 산란장에 수컷들이 여러 마리 들어온다 싶으면 곧 암컷이 도착하는 것이 자주 포착되었는데 암컷이 올 것을 수컷들이 미리 감지하는 듯하다. 암컷은 산란장에 도착하면 일단 낮게 날며 이동하면서 배 끝의 산란판을 흙이나 낙엽, 마른 풀잎 더미, 나무토막 등 여기저기 찔러본다. 1~3초 간격으로 그러한 행동을 하며 장소를 옮겨 다니는데 산란 장소의 적합성을 알아보는 것으로 보인다. 보통 영역 비행을 하는 수컷이 있을 때는 그의 시야에 잘 띄지 않을 곳에서 앞의 행동을 한다. 그럼에도 눈에 띌 경우 수컷은 다가가 결속을 시도한다. 영역 비행을 하지 않고 낮게 앉아 대기하고 있는 수컷들일 경우, 암컷이 산란 장소를 시험하며 이동하다가 수컷 가까운 쪽에 접근하게 되면 수컷은 바로 앉았던 자리에서 떨어져 나와 결속을 시도한다. 어떤 경우든 수컷의 결속 시도에 암컷이 얌전히 있지 않다. 반항의 몸부림을 하지만 수컷의 강제집행 위력은 대단하여 일단 머리를 잡히고 만다.

수컷은 암컷의 머리에 부속기를 꽂고 사람 키보다 좀 더 높은 높이까지 일자 형태의 결속으로 떠오른다. 그런 후 빙빙 돌며 생식기 결합을 시도하는데 이 과정에서 암컷의 완강한 저항이 일어난다. 암컷은 몸을 흔들며 결속 해체를 시도하는데 활동 초반기에는 이 과정에서 많은 경우 암컷이 성공하여 짝짓기 성공률이 그다지 높지 않다. 어느 하루에 6건의 짝짓기 시도가 목격되었지만 성공은 2건에 그쳤다. 잠정적으로 생식기 결합까지 이루어진 채 나무로 올라

〈그림 45〉 짝짓기 비행 중 생식기 결속이 풀려
잠시 나무에 앉음

갔던 쌍도 조금 후 수컷이 돌아오는 것이 목격됨에 따라 실패했음을 알 수 있었다. 나무 위 착지 과정에 암컷의 2차 거부가 있었던 듯하다. 그러나 후반기로 갈수록 짝짓기 성공률은 높아진다.

개방지에서 짝짓기가 성공적으로 이루어지면 수컷은 암컷을 달고 해당 묵논 전역을 빙빙 도는데 나는 높이가 그리 높지는 않다. 나는 동안 수컷은 앉기에 적절한 주변 나무를 살핀다. 주변의 나무 여건에 따라 다르지만 적절한 나무가 정해지면 나무 윗부분 정도의 높이에 있는 가지에 매달리듯 앉는 것이 일반적이다. 그러나 때에 따라 사람 키보다 낮은 작은 나무의 가지나 나무 중간의 본기둥에 앉기도 한다. 가끔은 나는 동안 생식기 결속이 풀려 수직으로 연결된 형태가 되기도 하는데, 이때는 나무에 잠시 앉아 숨을 고르고 다시 날면서 재결속을 이룬다. 숲처럼 그늘지고 나무들로 주변이 폐쇄된 형태를 지닌 곳에서는 그늘 안을 맴돌다

〈그림 46〉 짝짓기가 끝났을 때의 모습

바로 근처의 나무에 앉는다.

짝짓기 후 나무 위에 앉아 보내는 시간은 대략 30분 정도가 많았지만 길게는 40분 가까이 걸린 경우도 있고, 암컷의 지속적 거부에 12분 정도로 끝난 경우도 있었다. 짝지어 있는 동안 수컷은 배에 힘을 주며 암컷을 끌어당겼다 놓곤 한다. 20여 분 정도 지나면 암컷은 몸을 흔들며 놓아줄 것을 요구하기 시작하며, 30분 정도의 시간이 흐른 후 암컷 생식기와 수컷 생식기의 결속이 풀려 일자형으로 연결된 상태에서 암컷은 머리를 놓아달라고 몸을 흔든다. 수컷은 금방 놓아주지 않는데 암컷이 몇 번 요동치면 2~3분 걸려 마침내 떨어져 나온다. 결속이 풀린 수컷은 그 자리에서 휴식을 취하거나 주변의 다른 나무에 앉아 쉬다가 이전의 영역, 또는 주변의 다른 곳에 영역을 잡고 다시 대기한다. 암컷은 인근의 숲속으로 들어가 산란하기까지 시간을 보낸다.

〈그림 47~50〉 짝짓기 체결 후 앉은 다양한 자리들

5. 산란

산란은 오전과 오후 어느 때든 일어난다. 산란을 시작한 암컷은 사람이 조용히 다가가도 괘념치 않고 산란을 이어간다.

산란 장소는 몇 가지로 나눌 수 있는데, 우선 축축한 진흙이나 부엽토가 깔린 바닥 위로 낙엽이 덮인 곳이다. 위층의 낙엽은 거의 물기가 없을 정도로 말라 보인다. 암컷은 낙엽과 낙엽 사이에 배 끝을 깊이 찔러 넣고 흙 속이나 가는 나뭇가지 잔해, 밑층의 습기 먹은 낙엽 뒷면 등에 알을 붙인다.

다음은 역시 축축한 흙 위의 썩은 나무토막, 또는 습도가 높은 공간에 놓인 이끼 낀 나무토막이다. 암컷은 나무토막 밑면 흙이 닿는 곳에 긴 산란판을 찔러넣어 나무 밑면에 알을 붙이거나, 나무의 부식된 곳 또는 이끼 속에 알을 넣는다. 본 종이 가장 선호하는 산란 대상으로 관찰되었다.

세 번째는 억새나 갈대 밑동을 무성히 덮고 있는 마른 풀잎 속이다. 이곳도 겉은 말라 보이지만 안쪽의 흙은 습기를 많이 머금고 있다. 밑동은 지면 위로 마치 그릇을 엎어놓은 듯한 형태의 뿌리 뭉치가 있어 습기가 잘 유지된다. 그러나 관찰 비율 면에서 이 세 번째 경우는 그리 자주 보이진 않았다.

모든 경우를 아우르는 산란의 공통된 요소는 산란 장소가 전체적으로 그늘이 드리워진 공간이어야 한다는 것이다. 또한, 그 주변은 억새나 무성한 나뭇잎으로 덮여 밖으로부터는 시야가 차단될 수 있는 곳이다. 산길 산란의 경우에도 산비탈 쪽은 커다란 나무와 무성한 잎, 반대편은 키 큰 억새가 늘어서 역시 그늘이 진다. 산골짜기의 작은 웅덩이 경우는 시야가 차단될 정도로 은폐되진 않지만, 주변 나무로 인해 짙은 그늘이 지는 곳임은 변함없다.[8] 산란 공간의 크기는 그늘이 형성된 범위에 따라 비교적 넓은 곳인 경우도 있지만 작게는 소형 옹기 항아리 정도의 크기인 경우도 있다.

산란을 시작해서 종료하기까지는 방해요소가 없는 경우 1시간 30분까지도 진행된다. 중요한 것은, 못이나 작은 웅덩이 등 물이 고여 있는 곳에서는 산란하지 않는다는 것이다. 조금의 양일지라도 물이 고여 있는 곳에서 산란한 경우는 없었다. 겉이 거의 마른 듯한 곳에서도 산란하는데, 그래도 살펴보면 흙 속에는 습기가 촉촉하다.

부연하여, 이번 관찰을 통해 풀지 못하고 후일을 약속하며 의문으로 남기는 바, 첫째는 서식지 3 외에는 산란 장소와 그 인근에서 우화각을 발견할 수 없었다는 것이다. 이는 부화한 유충의 이동 가능성을 생각하게끔 하는 일이다. 둘째는 역시 서식지 3 외에는 산란한 곳 근처, 또는 조금 떨어진 곳에서도 물이 고인 작은 웅덩이는 물론 적은 양의 용천수가 발생하는 질척한 흙이 분포하는 곳 등이 안 보인다는 것이다. 이런 곳에 산란하는 이유와 이후 알과 유충이

---

8   앞의 서식지 개관 내용 중 산란 장소 사진 참고

어떤 방식으로 부화하고 어떤 곳에서 성장하는지 매우 궁금하나 이번 관찰 기간에는 확인할 수 없었다. 특히 주변에 고인 물이 보이지 않는 환경에서 부식된 나무토막에 산란한 알이 부화하는 과정과 유충의 생활에 대해서는 더더욱 의문을 가질 수밖에 없다. 차후 이러한 의문에 대한 규명이 필요하다.[9]

9   앞의 내용 중 유충의 생장과 우화 부분에 덧붙인 주석 6 참고

〈그림 51~58〉 산란 모습들

Ⅱ. 2024년도 관찰기록

(2024. 5. 29.~6. 26.)

Ⅱ. 2024년도 관찰기록

(2024. 5. 29.~6. 26.)

2024년 5월 23일부터 27일까지는 서식지 1과 3에서 수컷 한 마리가 산길이나 풀밭 위를 비행하는 것이 관찰되는 것이 전부였으나 29일부터는 여러 마리의 수컷과 암컷의 활동이 관찰되기 시작하였다. 그동안 봄 기온이 불안정하여 고온과 저온이 불규칙하게 이어지던 중 29일은 한낮 기온이 30도 이상으로 치솟았다. 가뭄으로 인해 계곡 물길도 작아지고 묵논 바닥도 전체적으로는 마른 상태가 되었다.

필자는 성충의 활동이 관찰되면서부터 거의 매일 서식지를 찾아 자필 메모로 기록해 가며 관찰하였다. 지난해 본 사실들의 확인 또는 검토, 추가, 보완 등의 목적이 필요했기 때문이다. 성충 활동까지 포함한 본 종에 대한 총론의 내용들은 2023~2024년에 걸친 관찰의 기록이다. 이러한 관찰들이 어디서 어떻게 진행되었는지를 구체적으로 보여주기 위하여 2024년 성충 관찰기록 일지를 그대로 옮겨보기로 하되, 좀 더 친숙하고 편안히 읽히도록 말 건네기 방식의 서술체를 사용하도록 한다. 독자들은 필자와 함께 필드를 걸으며 바로 눈 앞에서 벌어지는 활동들을 경험하고 있는 듯한 생동감을 느낄 수 있을 것이다. 총론에서는 묘사하지 못한 구체적이고 생생한 생태 모습을 날것 그대로 경험할 수 있으리라 기대한다.

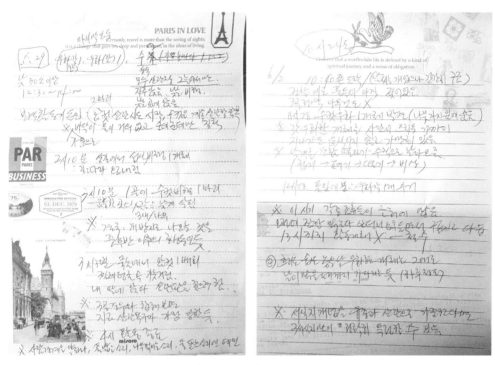

〈그림 59~60〉 관찰일지

기상청 발표 아침 최저 11도, 낮 최고 30도의 무더운 날씨입니다.

정오 무렵 서식지 3을 방문합니다. 암컷 한 마리가 우화하여 억새잎에 매달려 있군요. 눈은 아직 어두운 고동색으로 탁하나 온몸에 노란 무늬들이 화려합니다. 발견하고 나서야 보면 풀잎과 구별되는 뚜렷한 모습인데 이상하게 발견 전에는 눈에 띄기가 쉽지 않습니다. 나중에 이 암컷이 날아가고 나면 그 우화각은 수거할 것입니다.

가까운 근처에 이미 날아가고 남겨진 암컷 우화각 1개가 보이는군요. 6개의 다리를 오므려 억새 풀잎을 단단히 움켜쥔지라 다리 부러짐 없이 떼어내기가 여간 어려운 게 아닙니다. 떼어내기보다 위쪽으로 밀어 올려서 빼는 편이 훨씬 간편하고 안전합니다. 이렇게 우화 시작부터 계속해서 우화각을 수거하는 이유는 이 서식지에서 한 해 우화하는 개체의 수를 대략이나마 가늠해 보고 싶고, 마지막 우화 시기는 언제일지, 암수 비율은 얼마일지도 궁금하기 때문입니다.

〈그림 61〉 암컷 우화   〈그림 62〉 우화각

이렇게 우화각을 찾아 눈길을 돌리던 순간 지난해 산란을 목격한 나무 그늘 밑 낙엽 퇴적된 바닥층에서 지면 가까이 낮게, 그리고 천천히 영역 비행을 하고 있는 수컷 한 개체가 눈에 들어옵니다. 둘러보니 우화가 일어나는 묵논 3곳의 구석마다 그늘지고 축축한 곳이 있는데, 각각의 장소에서는 수컷이 한 마리씩 자리를 지키며 날아드는 다른 수컷들을 쫓아내고 있군요. 햇빛이 드는 쪽으로는 절대 나가지 않으며 인기척에 놀라더라도 다른 묵논의 그늘진 곳으로 피했다 다시 돌아오곤 하면서 말입니다. 그렇게 영역 비행을 하다가 바닥의 억새 잎이나 떨어진 작은 나뭇가지 등 낮은 자리에 자주 앉으므로 비행보다는 앉아 있는 시간이 더 길다고 해야겠습니다.

사람에 대한 경계심이 적어 필자의 다리 근처로 맴돌거나 아예 바지에 앉기도 합니다. 그러나 풀잎 뜯는 소리, 나뭇가지 부러지는 소리 등에는 매우 예민한 반응을 보여 앉아 있다가도 이내 비행하여 자리를 이동합니다. 오후 2시가 넘자 인근 산길에서도 수컷 한 마리가 나타나 영역 비행을 하며 길을 따라 오르내리네요. 필자 앞 40~50센티미터 앞에 잠깐씩 멈춰 정지 비행을 하면서 빤히 쳐다봅니다.

〈그림 63〉 그늘 영역 낮은 비행

〈그림 64〉 산길 비행

〈그림 65〉 앉은 모습

암컷은 아래쪽 개방지 묵논 어디쯤에서 갑자기 나타나 수컷들이 있는 곳 인근으로 날아옵니다. 지난해 암컷들이 산란하던 곳 근처의 바닥 낙엽에 잠시 앉

<그림 66> 산란과 유사한 행동을 하는 암컷

아 산란하는 행동과 유사한 모습을 보이나 아주 잠깐, 2~3초 정도 그런 모습을 보이고 다시 날아올라 올해 새로 돋은 억새의 곧게 선 잎 위를 스치듯 낮게 비행합니다. 이러한 행동을 반복하곤 하는데 수컷이 앉아 있는 곳 가까이 가지는 않으며 수컷이 인근에 보이면 피합니다. 때로는 나무의 가지에 앉아 산란의 모습을 취하기도 하나 역시 잠깐이며 다시 이동합니다. 앞으로 할 산란에 적합한 곳을 찾아놓으려는 건지, 산란 연습을 하는 것인지 알 수는 없군요.

2023년 서식지 3에서 본 종을 처음 발견한 것은 6월 4일이었습니다. 그때는 개방된 묵논들에서 풀 위로 비행하는 개체들이나 나무 그늘 안에서 영역을 지키는 개체들만 관찰하였는데, 산란과 우화가 일어나는 위쪽 그늘진 묵논을 발견하지 못한 상황이었지요. 시기가 거의 끝날 무렵에야 우연히 위쪽 그늘진 묵논이 주요 산란지임을 알았습니다. 그러한 이유로 2023년엔 이 산란지에서 5월 말 활동은 관찰하지 못하였습니다.

두 해의 관찰을 종합하여 볼 때, 개방지의 구석 나무 그늘이나 인근 산길, 산지 끝자락 숲 등으로 활동 영역이 넓어지는 것은 6월 둘째 주 정도로 보아야

할 것 같습니다.

　오후 3시경 지척에 있는 옆 골짜기로 장소를 이동하여, 지난해 산란을 시도하는 암컷을 목격한 나무숲 안을 들여다봅니다. 수컷 한 마리가 바닥이 사초과 식물로 덮인 그늘진 공간에서 영역 비행을 하고 있네요. 역시 앞 수컷들의 행동과 다르지 않습니다. 이보다 조금 아래쪽에 있는 움푹한 묵논으로 이동하니 야산에 이어지는 구석 쪽에서 암컷 한 마리가 비행하고 있습니다. 개방된 공간이라 그런지 앞의 암컷보다 더 부지런히 풀 무더기의 아래쪽이나 찔레 덩굴 속, 둑 아래 마른 풀 더미 등으로 돌아다니며 산란을 하는 시늉을 반복합니다. 묵논 둘레를 빙빙 돌며 비행하다가도 똑같은 산란 시늉을 하곤 하네요. 그

〈그림 67〉 필자의 배낭에 산란 행동

러더니 필자의 몸에 붙으려고도 하고 심지어는 필자의 오른팔 손목 위에 앉아 피부에 산란판을 대기도 합니다. 조금 후에는 바닥에 벗어놓은 필자의 배낭에 앉아 산란 행동을 보이기까지 합니다. 참으로 사람에 대한 경계심이 없는 종입니다. 그래서 더 귀여운 느낌마저 드는 것일까요.

　오후 4시가 지나자 이제 활동 개체는 보이지 않습니다. 여러 수컷과 암컷의 신기하고 귀여운 행동을 본 것을 마음에 담고 그만 골짜기를 나옵니다.

　기상청 발표 아침 최저 17도, 낮 최고 22도의 흐린 날씨입니다. 전날보다 10도 가까이 기온이 낮지만 20도 이상이면 관찰 불가능한 상황은 아니다 싶습니다. 다만, 흐린 날씨라는 점이 걸림돌이지만 11시 즈음까지는 옅은 흐림입니다.

　서식지 3에 도착해 보니 전날 수컷들이 자리를 지키며 영역 비행 하던 곳이 너무 어둡습니다. 그래서인지 활동 개체도, 앉아 있는 개체도 보이지 않습니다. 위쪽 묵논들과는 달리 개방지가 시작되는 묵논에 암컷 한 마리가 비행합니다. 가끔 내려앉아 산란 행동을 잠깐 하다 이동하곤 하는 것이 전날과 동일한 행동입니다. 수컷은 그 아래 묵논에 두 마리가 보였는데 기존에 자리 잡은 수컷이 강하게 밀쳐내고 있습니다. 위쪽의 암컷이든 아래쪽의 수컷이든 묵논 구석의 그늘지고 질척한 곳에 집착하고 있는데 그런 곳이 암컷이 산란하기에 적합한 여건인 것으로 보입니다. 수컷은 가끔 암컷이 있는 곳에 다가오기도 하지만 암컷은 빠르게 수컷을 피해 멀리 갔다가 수컷이 이동하면 다시 돌아옵니다.

〈그림 68〉 어두운 곳에서 영역 비행

〈그림 69〉 암컷 기다리기 및 영역 지키기

날이 더 흐려지고 이제 암컷은 보이지 않습니다. 수컷은 구석 쪽 둑에 서 있는 작은 나무들 밑에 들어가 밖에서는 잘 보이지 않을 정도로 어두운 곳에 낮게 앉아 쉬고 있습니다. 그러더니 잠시 후 이 수컷마저 어디론가 사라집니다. 날씨 탓인지 주변에는 배치레잠자리 외엔 활동하는 잠자리 개체를 볼 수 없네요.

정오 무렵부터는 짙은 구름이 낀 탓에 관찰하기 좋은 상황이 못 되게 되었습니다. 여기저기 둘러보며 혹시라도 우화하는 개체가 있는지, 우화각이 있는지 둘러 보는데, 오늘은 우화 개체가 보이지 않습니다. 다만 억새 풀잎에 붙어 있는 우화각 2개를 발견해 수거하여 돌아옵니다.

5월 31일

기상청 발표 아침 최저 16도, 낮 최고 27도입니다.

서식지 3에 오전 10시쯤 도착하였으나 배치레잠자리 외에는 아무 잠자리도 보이지 않습니다. 우화한 개체 셋이 보입니다. 오리나무 위 가지에서 암컷 한 개체가, 바닥의 억새잎에서 수컷 한 개체와 암컷 한 개체가 우화하였는데, 그 중 수컷은 심한 우화부전이네요. 지금까지의 우화와 조금 다른 점이 있다면, 이전에는 주로 묵논 안쪽 가운데에서 우화가 관찰되었는데 지금 이들이 우화한 곳은 묵논 가장자리 쪽 구역입니다.

옆 골의 연못과 논 주변에서는 먹줄왕잠자리와 왕잠자리의 활동이 목격됩니다만, 이 골에서 오후 1시까지 기다려도 본 종의 활동은 전혀 보이지 않습니다. 서식지 1로 장소를 이동하여 보기로 합니다.

주차 후 지루하리만치 긴 산길을 걷고 또 걸었지만 역시 관찰되지 않는군요. 오늘은 아무래도 활동에 적합지 않은 그들만의 무엇이 있나 봅니다. 그러니 오늘은 여기서 그만 접기로 합니다.

〈그림 70〉 우화 암컷의 이륙(사진 2장 합성)

6월 2일

기상청 발표 아침 최저 12도, 낮 최고 22도입니다. 습도가 높고 흐릿한 날씨인데 조금 개는 것 같아 오전 10시 반쯤 서식지 3에 도착합니다.

전날 비가 온 탓에 풀들이 아직 축축하게 물기를 덮고 있습니다. 우선 전역을 빠른 걸음으로 둘러봤으나 배치레잠자리 몇밖에는 보이지 않습니다. 좀 더 기다려 보기로 하면서 우화 개체를 찾아보니 오리나무의 낮은 가지 잎 속에 숨어서 우화한 수컷 개체가 눈에 들어옵니다. 좀 전에 전역을 둘러볼 때 지나다닌 자리이므로 분명 다리에 가지가 스쳐 흔들렸을 것인데 그대로 꼼짝 않고 있었군요. 아직 날개를 접고 있는 것으로 보아 우화한 지는 오래되지 않아 보입니다. 다시 눈을 돌려 주변을 돌아보니 인근 풀잎에 붙어 있는 우화각 1개가 눈에 들어옵니다. 부서지지 않게 조심하여 수거합니다. 비가 내린 어제와 오늘에 걸쳐 두 마리 이상의 우화가 일어난 셈입니다.

서식지 주변으로는 비둘기, 직박구리, 노랑턱멧새, 박새, 쇠딱다구리, 붉은머리오목눈이, 되지빠귀 등등 각종 조류들이 유난히 많이 보이네요. 오전에 잠깐 맑았던 하늘이 오후 들면서 다시 구름이 드리우기 시작했고 습도도 높습니다. 우화한 수컷 개체는 오후가 되어도 그 자리에 그대로 붙어 있네요. 이 중심 서식지와 옆 골을 번갈아 가며 계속 살폈으나 오후 1시가 넘어가는 시점에도 활동 개체는 단 한 마리도 나타나지 않습니다. 오늘도 여기서 관찰을 접어야겠습니다.

〈그림 71〉 낮은 높이의 가지에서 우화한 수컷

기상청 발표 아침 최저 11도, 낮 최고 20도입니다. 요즘 들어 아침, 저녁이 매우 쌀쌀하게 느껴집니다. 5월 중순을 넘어서까지 이렇게 쌀쌀한 기운이 계속되는 것은 지역 거주자들도 처음 겪는 일이라 합니다. 어쨌든 해가 뜨면 또 햇볕은 따갑습니다. 기상청 데이터로는 20도라지만 이는 해안과 산지 온도의 평균치일 뿐 실제 평지 온도는 23~24도쯤입니다. 구름 한 점 없는 날입니다.

오늘은 서식지 2에 10시쯤 도착합니다. 지난해 6월 2일에 영역 비행 하는 수컷을 발견했으니 혹시 나왔으려나 했는데 산잠자리, 먹줄왕잠자리, 왕잠자리, 된장잠자리, 배치레잠자리, 검은측범잠자리,[10] 밥풀실잠자리[11]들만 보입니다. 은근히 걱정이 앞서는 것은, 지난해 이 인근에 제초제 살포한 것을 보았는데 그 영향이 있으려나 싶어서이기 때문입니다. 서식지 1과 3은 활동 개체가 확인되었는데 서식지 2만이 아직 보이지 않으니 어쩌면 서식지 하나를 상실하는가 싶어 마음이 답답해집니다. 며칠 더 지속하면서 확인해 보리라 마음먹고 장소를 이동합니다.

서식지 3에 도착하니 아직 오전임에도 움직이는 것은 배치레잠자리 외에는 보이지 않습니다. 우화가 목격되는 세 묵논을 둘러보는데 오늘은 우화 개체나 우화각도 보이지 않습니다. 오늘은 아무것도 못 보는 것인가 하는 실망감을 안고 묵논들을 관통하는 물길 자리를 따라 아래쪽 개방 묵논으로 내려갑니다.

맨 아래 개방 묵논을 지나 산길로 올라설 때입니다. 구석의 나무 그늘에서

---

10 '검정측범잠자리'로 불리고 있으나, 앞의 책 명칭을 따르기로 한다.

11 '방울실잠자리'로 불리고 있으나, 앞의 책 명칭을 따르기로 한다.

수컷 한 마리가 영역 비행을 하는 것이 눈에 들어옵니다. 바닥의 억새잎 끝보다 조금 더 높은 높이로 천천히 오가며 작은 벌레를 섭식하기도 합니다. 그러다 잠깐씩 햇빛 쪽으로도 나가 물길이 흐르던 자리도 돌아보곤 합니다. 이 나무 그늘 밑에도 억새 밑동 주변으로 마른 억새잎이 쌓여 있고 고인 물은 없지만 축축합니다. 순간 암컷 한 마리가 이 나무 그늘 앞 조금 떨어진 곳의 햇빛 비치는 물길 자리로 낮게 날아가자 재빨리 뒤쫓아 갑니다. 그러나 안타깝게 놓쳐버리고는 다시 원래의 자리로 되돌아와서 영역 비행을 계속합니다. 필자의 가슴 높이 이하로 말이지요.

〈그림 72〉 나무 그늘 속의 수컷   〈그림 73〉 물길 자리 암컷을 쫓는 수컷

    비행 모습을 카메라에 담기 위해 필자가 개방된 쪽 물길 자리로 이동하자 따라와 이젠 햇빛 아래에서 비행하기 시작합니다. 역시 낮은 높이에서 날며 때로는 거의 바닥 높이까지 낮게 비행하네요. 필자의 다리 곁을 스쳐 지나가기

도 하고, 필자의 몸 그늘 속에서 정지 비행을 하기도 하는데 이때는 너무 가까워 카메라 앵글 안에 넣기도, 초점을 맞출 수도 없습니다. 그러다 필자의 발 앞 풀대에 앉아 쉬고, 또 날고 하기를 반복합니다. 주변에서 나비, 벌, 된장잠자리 등이 보이면 아주 빠른 속도로 쫓아 올라가 맹공으로 물리치고는 다시 돌아옵니다. 이런 때에만 공중 높이 비행하며 그 외엔 대부분 가슴 높이 이하에서만 비행합니다. 12시가 넘어 햇볕이 더 따가워지자 다시 나무 그늘로 이동하더니 비행과 앉아 쉬기를 반복합니다.

똑같은 장면의 연속이므로 관찰을 완료하고 혹시나 해 위쪽 개방 묵논 구석의 나무 그늘을 살피러 올라갑니다. 마른 풀들이 밟히는 바삭거리는 소리 때문

인지 앞의 수컷 녀석이 얼른 필자를 따라 올라와 주변에서 맴돕니다. 20여 분을 그렇게 개방된 풀밭 위를 날더니 다시 원래의 자리로 돌아가네요. 오늘은 이 묵논 골 전역에 이 수컷 한 마리만 관찰됩니다. 혹시 지척의 옆 골짜기 쪽에서 놀고 있을까 싶어 장소를 이동하기로 합니다.

옆 골짜기 개방형 묵논에는 배치레잠자리와 된장잠자리, 밀잠자리만 보여 더 위쪽 숲으로 올라갑니다. 지난해 암컷이 산란을 시도하고 수컷이 영역 비행을 하던, 바닥이 사초과 식물로 곱게 깔린 곳에 도착하자 수컷 한 마리가 인근 풀대에 앉아 있다 놀라

〈그림 74〉 개방 묵논에서 비행하는 수컷

서 바로 옆의 버드나무 꼭대기 가지로 올라가 앉습니다. 이 개체 외엔 역시 보이지 않아 다시 내려오는데 아래 개방 묵논으로 갑자기 수컷 한 마리가 날아들어 영역 비행을 시작합니다. 공간이 개방형이고 넓어서인지 앞 골짜기에서 비행하던 개체보다는 조금 높이 나네요. 하지만 그래도 가슴 높이 이하입니다. 매우 부산스럽게 빠른 속도로 날며 가끔 하는 정지 비행도 단 2~3초에 끝나버립니다. 그래도 일정 영역을 고수하며 접근하는 곤충들을 용맹하게 물리칩니다. 비행 도중 배 끝을 살짝 꺾어 아래로 향하는데 배설 행동으로 보이는군요. 비행하는 공간 맞은편 구석도 살피러 이동하자 따라와서 주변을 맴돌다 되돌아갑니다. 지난해 이 자리에서 처음으로 수컷 개체를 발견하여 서식지를 확인한 것이 6월 2일이었으므로 시기도 맞아떨어집니다. 그해 이곳을 발견하고 난 뒤 한참 후에서야 앞 골짜기가 더 중심적인 서식지임을 알게 되었었습니다.

오후 2시쯤이 되자 어디서도 활동 개체의 모습은 보이지 않습니다. 어딘가에 앉아 따가운 햇볕을 피해 쉬고 있을 거로 생각하며 혹시 위쪽 그늘진 우화 및 산란 장소에 가 있을까 하고 살펴봤지만 보이지는 않습니다.

오늘은 다른 날과 달리 인근에서 새 소리도 많이 들리지 않습니다. 숲에는 산딸기가 한창 탐스럽게 익어가고 벚나무에는 버찌가 검게 익었습니다. 한 움큼 따서 입에 넣으니 향도 향이려니와 갈증을 내려주는 그 맛이 일품입니다.

기상청 발표 아침 최저 13도, 낮 최고 22도의 어제와 같이 구름 한 점 없이 맑은 날입니다. 차량을 통해 측정한 평지 온도는 최고 26도입니다.

오늘은 서식지 1을 다시 확인하러 갑니다. 아침 8시에 먹줄왕잠자리가 벌써 활동하고 있네요. 참 멋진 무늬를 가진 잠자리입니다. 밤새 이슬이 많이 내렸는지 아직 풀잎들이 축축하군요. 조금 더 올라가니 소나무 위에서 덩치 큰 잠자리가 앉았다 날았다 합니다. 밑에서 서성이다 날아서 인근의 작은 나무에 앉습니다. 노란빛이 선명하여 줌을 당겨보니 어리부채측범잠자리[12] 암컷입니다. 호수도, 저수지도 아닌 이 계곡에서 어리부채측범잠자리라니요. 하지만 미숙 개체는 이렇게 뜻하지 않은 장소에서 맞닥뜨려 당황스럽게 하곤 합니다. 계곡 끝까지 걸었으나 목표로 하는 본 종은 보이지 않습니다. 정확한 산란지도 우화 공간도 확인하기 어려운 곳이라 매번 관찰이 어렵습니다. 올해 5월 말 활동 초반기에는 오전 10시 반에 활동 개체를 만났었으나, 지난해 이들을 만나는 것은 오후 1시 이후 시간이 일반적이었으므로 일단은 다른 서식지로 이동하기로 합니다.

어제 오후에 방문했으나 활동 개체를 보지 못했던 서식지 2를 다시 확인하러 갑니다. 모내기를 끝낸 논에 산잠자리, 먹줄왕잠자리, 왕잠자리, 붉은배잠자리,[13] 된장잠자리들이 날고 있습니다. 야산 인근 논둑에서는 밀잠자리, 큰밀잠자리 많은 수가 갓 우화하여 산으로 오르느라 햇빛에 날개를 반짝거립니다.

---

12 보통 '어리부채장수잠자리'로 불리나 역시 '장수측범잠자리'와 마찬가지로 앞의 책에 의거 측범잠자리 명칭을 따르기로 한다.

13 보통 '고추잠자리'라고 불리고 있으나, 앞의 책 설명에서 보듯 이제까지 '고추좀잠자리'로 불리고 있는 것이 오히려 고추잠자리로 불려야 마땅함에 동의하여 역시 그 책의 명칭을 따른다.

마치 벚꽃 날리는 듯한 아름다운 풍경입니다.

지난해 처음 활동 개체를 발견해 서식지로 정한 묵논 가까이 이르자 멀리서도 그 특유의 영역 비행 모습이 포착됩니다. '아! 올해도 여전히 있구나' 하는 반가움과 설렘에 가슴이 두근거리기조차 합니다. 염려했던 서식지 상실은 기우에 불과했습니다. 가까이 다가가 보니 특유의 겁 없음인지 반가움의 표현인지 다가와서 훑어보듯 쳐다보고 다시 영역 비행을 계속합니다. 빠르고 힘찬 비행을 이어가며 구석의 컴컴한 공간이나 작은 나무들이 엉겨 만든 그늘진 공간을 자주 확인하며 비행합니다. 바닥은 물이 고여 있지는 않으나 습기가 유지된 축축한 상태입니다.

이 묵논은 서식지 3의 개방 묵논과 유사하여 둘레로 아까시나무가 밀집된 그늘이 있으며 논 안쪽으로는 억새가 무성합니다. 그런 논들이 위쪽과 옆쪽으로 계단식으로 이어져 있어 활동 공간이 넓으니 서식지 1처럼 집중적인 우화 장소나 산란지를 찾기가 어렵습니다. 그저 지난해 암컷의 산란 시도를 엿본 자리에 여전히 수컷이 영역 비행을 하고 있으니 그곳이 산란과 우화 가능성이 높은 곳이라 여길 뿐입니다. 그러나 얼마 전부터, 암컷의 산란 시도가 있었던 자리들에서 우화각을 찾아보려 애썼지만 아직 성공하지 못하고 있습니다.

혹시나 하고 암컷의 접근을 기다려 봅니다만 수컷의 기다림만 오래도록 지속되고 있네요. 빠르고 활기찬 비행에 촬영도 쉽지 않아 수십 번의 셔터에 겨우 몇 장 성공하고 위쪽의 다른 묵논으로도 이동해 봅니다.

이동 중 그늘 영역의 둑길을 지나는데 수컷 한 마리가 바닥 근처에 앉아 있다가 발소리에 놀라 날아오릅니다. 그러더니 멀리 가지 않고 좁은 그늘 안에서만 움직이며 필자의 눈치를 살핍니다. 정지 위주 비행을 하며 천천히 움직이기에 카메라를 꺼내 들자 곧 멀리 가버립니다. 밝은 곳 개체는 부산스레 빠른 비행을 하지만 그늘 속 개체는 느리게 비행하며 자주 정지 비행 하는 차이를 보게 됩니다.

〈그림 75〉 억새밭 위에서 비행하는 수컷　　　　〈그림 76〉 그늘 속의 수컷

위 논으로 올라서니 무릎보다 조금 더 높은 키의 억새잎이 푸르게 펼쳐져 있는 풍경이 보이는데 한쪽 구석에서 수컷 한 마리가 흔히 보는 모습의 영역 비행을 하고 있습니다. 사진에 담으려 다가서는데 풀 밟는 소리를 듣고 산비탈 쪽 어두운 나무 그늘 속에서 암컷이 날아올라 멀리 가버립니다. 수컷이 있던 자리보다 조금 떨어진 곳인데 수컷은 그 암컷을 발견하지 못했던 것 같습니다. 암컷이 벌써 산란에 돌입한 것입니다. 날아오른 자리에 가보니 오리나무 두세 그루가 겹쳐 서 있는 아래로 산비탈이 닿아 있고 거기엔 낙엽이 조금 깔려 있는데 축축하게 습기를 품고 있습니다. 오리나무 밑동으로 주변 작은 나무들의

무성한 잎과 가지들이 그늘을 드리워 그곳은 마치 동굴 같은 모양을 하고 있습니다. 어디서나 암컷의 산란은 억새나 작은 나무들의 잎으로 어두운 그늘이 드리워져 밖에서는 암컷을 발견하기 어려운 곳입니다. 바닥은 당연히 습기가 많은 흙 위로 마른 풀잎이나 낙엽이 깔려 있고요. 서식지 2가 건강히 유지되고 있음에 안도하며 이쯤에서 관찰을 마치고 다시 다른 서식지로 이동합니다.

서식지 3에 도착하니 벌써 오후 1시 무렵입니다. 햇볕이 가장 따가운 시간이지요. 그늘진 산란장 묵논 중 맨 아래쪽 논의 낙엽 깔린 곳에 수컷 한 마리가 풀잎에 앉아 쉬고 있습니다. 사진에 담으려 방향을 잡느라 움직이는데 오리나무 밑동의 억새 풀잎에 매달려 있는 우화부전의 암컷 한 마리가 눈에 들어옵니다. 우화각은 어디로 갔는지 찾을 수가 없습니다.

〈그림 77〉 풀잎에서 쉬고 있는 수컷

〈그림 78〉 우화부전 암컷

앉아 있는 수컷 사진을 몇 장 찍은 뒤 편히 쉬라고 조용히 움직여 위 논으로 이동합니다. 산란과 우화가 일어나는 그늘진 3개의 논 중 가운데 묵논입니다. 우화 시기 가장 많은 개체의 우화가 발생한 곳이기도 한데, 올라서자마자 중앙에서 약간 외곽으로 서 있는 오리나무의 서로 다른 가지에 우화한 암컷 두 마리가 매달려 있는 것이 보입니다. 한 녀석은 날개를 완전히 펴지 않은 것으로 보아 우화한 지 오래되지는 않은 듯합니다. 거리를 좀 두고라도 한 가지에서 우화하는 경우가 없는 것이 신기할 따름입니다. 낙엽 깔린 쪽을 살폈으나 수컷은 보이지 않았습니다. 우화한 한 마리가 곧 날아오를 것 같아 기다려 보기로 합니다. 나뭇잎 밑면에 매달려 있던 녀석이 그 아래쪽이 억새 풀잎이 많이 얽혀 있어 날아오르기 불편한지 나뭇잎 위로 올라옵니다. 바람결에 흔들리는 나뭇잎 위에서 몸을 가누며 좀 더 있더니 점점 앞이 트인 쪽으로 몸을 돌립니다. 그러고는 어느 순간 휙 하고 사선으로 솟아올라 근처의 나무 꼭대기 잎 많은 가지 밑에 달라붙습니다. 지금까지 본 바에 의하면 거기서 좀 더 몸을 말리고 다른 곳으로 이동할 것입니다.

〈그림 79〉 가지에 붙어 우화

〈그림 80〉 잎 뒷면에 붙어 우화

위쪽의 다음 논으로 이동해 봅니다. 이전에 본 종의 우화 개체가 매달렸던 오리나무의 잎 밑면에 우화각 하나가 보입니다. 당연히 본 종의 우화각일 거라 확신하며 카메라 렌즈 줌을 당겨보니 예상이 틀렸습니다. 삼지연북방잠자리의 우화각이네요. 이들의 우화가 시작되었군요. 이 서식지에서는 삼지연북방잠자리의 유충도 다수 발견된 곳이므로 이상할 것이 없지만 본 종이 우화한 나무에서 동일한 형태로 우화한 것이 매우 재미있네요. 나중에 이 서식지를 떠나기 위해 내려가던 중 발견한 것이지만, 맨 아래쪽 개방 묵논의 버드나무 속 가지에 붙어 있는 삼지연북방잠자리가 이 우화각의 주인일 것입니다. 이로써 삼지연북방잠자리도 우화를 시작했다는 것과 그 시기가 본 종보다 보름 정도 늦다는 것이 확인된 셈입니다.

더 이상의 개체가 보이지 않아 다른 서식지로 옮기기 위해 내려오던 중 앞에서 말한 대로 삼지연북방잠자리를 발견, 몇 장의 사진을 담고 산길 쪽으로 나서는 순간 산길과 묵논 사이의 나무 그늘에서 본 종 수컷 한 마리가 놀라 날아오릅니다. 이 시간대에는 따가운 햇볕으로 인해 수컷들은 비행을 포기하고 그늘에 앉아서 쉬는 것이 일반적입니다. 오늘처럼 낮 기온이 25도 이상일 때 가장 많은 개체가 관찰되고 활동 또한 왕성하다는 것을 기록하며 다음 장소로 이동합니다.

서식지 1을 다시 찾은 것은 오전에 이슬도 마르지 않은 시간대에 너무 일찍 들른 것은 아닐까 하는 의문을 지울 수 없었기 때문입니다. 주차 후 장화로 갈아 신고 작은 물을 건너 산길로 접어드니 바로 눈앞에 수컷의 비행이 포착됩니다. 오늘 본 수컷들의 비행 모습과 동일하지만 산길에서는 길의 위아래로 오르내리는 것만 다를 뿐입니다. 여전히 사람에 대한 경계심은 없으며 일정 영역 내에서만 낮게 비행합니다. 지난해에도 관찰 후반기에 계곡 아래쪽까지 내

〈그림 81〉 계곡 아래쪽까지 내려온 수컷

〈그림 82〉 보 아래 산길에서 만난 수컷

려온 개체는 보았지만, 지금은 활동 초반기인 데다 위치도 한참 더 아래쪽이란 점이 흥미롭습니다. 계곡 전역이 활동 영역인 것을 확인합니다. 서식 중심지 위쪽도 확인해 본 후에 결론을 내겠다고 생각하며 계속 길을 걷습니다.

계곡 중간쯤에 있는 넓은 보에 조금 못 미친 길 위에서 또 한 마리의 수컷이 영역 비행을 합니다. 초반기 수컷들은 참으로 활기가 넘칩니다. 간혹 2~3초 정도 정지 비행을 하는 것 외에는 영역 내에서 내내 빠르고 부산스러운 비행을 이어갑니다. 주변으로 지나가는 다른 곤충들이나 잠자리들을 물리치는 것에도 바쁩니다. 왕잠자리류라고 보기에는 너무도 작은 몸집이지만 용맹함은 다른 왕잠자리류 못지않습니다.

조금 더 걸어 중심 서식지에 접어드니 역시 길 위를 오가는 수컷이 보입니다. 그런데 이번에는 한 마리가 아니라 얼마간의 거리를 간격으로 두고 또 한 마리의 수컷이 영역을 차지하고 있습니다. 서로 자신의 영역을 고집하며 지켜내기 위해 순찰을 지속하는데, 간혹 영역이 겹쳐지는 곳에서 만나면 매섭게 싸웁니다. 싸울 때는 높이 솟구치며 비행하는데 우세한 개체는 먼저 자신의 영역으로 복귀하고 쫓겨갔던 개체는 기존의 영역보다 조금 더 떨어진 곳에 돌아와 다시 영역 비행을 합니다.

〈그림 83〉 중심 서식지 수컷

가까운 쪽에 있는 녀석과 힘겨루기를 해보기로 했습니다. 녀석이 지쳐서 앉을 때까지 서로 햇볕을 견디는 것입니다. 필자는 수시로 초점을 잡아가며 성공적 촬영을 노리고, 녀석은 섭식과 암컷 기다림을 유지하며 끊임없이 비행합니다. 그러나 결국 필자가 포기했습니다. 30분이 훌쩍 지나도 녀석은 지친 기색이 없습니다. 필자가 오기 전부터 날고 있었을 텐데도 어디서 저런 끈기가 나오는지 신기할 뿐입니다.

이들을 뒤로하고 계곡 끝까지 올라가 봅니다. 그러나 이후부터는 관찰되는 개체가 없습니다. 결국 중심 서식지로부터 아래쪽으로 활동 영역이 전개되는 것이라 오늘은 잠정 결론을 짓고 내려옵니다. 내려와 보니 예의 두 수컷은 이제 사라지고 없습니다. 주차한 곳까지 내려오는 동안 활동 개체는 단 한 마리도 볼 수 없습니다. 5월 29일 관찰에서도 오후 4시 이후로는 활동 개체를 볼 수 없었는데, 결국 이 시기 활동은 오후 4시 근방에서 종료되는 것인가를 물음으로 남기고 관찰을 마칩니다.

　　기상청 발표 아침 최저 17도, 낮 최고 24도의 옅은 구름이 낀 날씨입니다. 차량 온도계로 측정된 한낮 최고 기온은 26도를 넘습니다. 기상청 발표 온도는 지역의 평균치라니 서식지 주변 평지 구간의 온도와는 차이가 있나 봅니다.

　　오전 7시 반, 서식지 3에는 전체적으로 풀잎들에 이슬이 촉촉합니다. 젖은 풀잎 위에 여기저기 배치레잠자리들이 앉아 있습니다. 묵논 입구에 들어서니 억새잎에 달라붙어 있는 작은 우화각 하나가 보입니다. 크기나 모양으로 보아 본 종은 아닙니다. 가까이 들여다보니 배치레잠자리 우화각입니다. 앙증맞은 크기의 작은 우화각이지만 배 끝 9마디 옆 가시가 길쭉합니다. 지난해 삼지연 북방잠자리 유충을 처음 공부하던 때 자주 혼동하던 기억이 떠오릅니다.

　　매일 빼먹지 않고 하는 일, 우화 또는 우화각 살피기에 들어갑니다. 오늘은 우화도, 우화각도 보이지 않는군요. 이제 우화는 끝난 것일까 하는 생각이 듭니다. 어제는 다른 일이 있어 관찰을 빼먹었는데 그렇다면 이틀 동안 우화가 일어나지 않았다는 것이니까요. 만일 내일도 우화나 우화각이 보이지 않는다면 이젠 정말 우화 종료라고 단정해야겠습니다.

　　9시가 넘으니 이슬도 어느 정도 말라갑니다. 산길에 밀잠자리들이 보이기 시작하는군요. 순간 개방 묵논 구석 나무 옆으로 무언가 휙 날아오더니 나무 끝만큼 높은 곳에서 매우 빠르고 부산하게 비행합니다. 카메라 줌으로 확인하니 본 종 수컷입니다. 그렇게 몇 번을 휙휙 돌고는 이내 사라집니다. 매우 조심스럽고 예민해 보입니다. 이제 곧 개체들이 찾아와 영역 비행을 하고 산란지를 탐색할 거라 기대하면서 자리를 떠납니다. 오늘은 우화 종료 시점 확인이 주목적이며 개체 활동 지속 여부만 확인하면 되었기에 이동을 빠르게 결단할 수 있습니다. 나오는 길에 옆 골도 확인해 보았으나 아직 활동하는 개체는 보이지 않습니다.

10시 가까이 서식지 2에 도착합니다. 입구 논에서는 여전히 밀잠자리, 큰밀잠자리들의 우화 후 비상이 어지럽습니다. 연못에는 대륙등줄실잠자리[14]들이 짝짓기와 산란에 여념이 없고 먹줄왕잠자리 암컷 하나가 산란 자리를 찾아 수면 위를 서성이고 있습니다. 묵논 안쪽 억새 풀밭에서는 배치레잠자리, 밀잠자리, 검은측범잠자리들이 날았다 앉았다를 반복합니다만 본 종은 보이지 않습니다. 위쪽 묵논들을 돌아보고, 옆쪽 묵논도 돌아봤지만 여전히 조용합니다.

무료함을 달래기 위해 연못으로 가 먹줄왕잠자리의 활동을 구경합니다. 수컷 한 마리가 연못 가장자리를 돌며 풀 속마다 기웃거리며 암컷을 찾습니다. 왕잠자리 한 마리가 날아들자 맹렬하게 추격하여 쫓아버리고 또다시 가장자리를 돌며 암컷을 찾습니다. 다른 수컷이 찾아옵니다. 그냥 둘 리 없습니다. 맹렬히 추격하니 다른 수컷도 그냥 당하지 않고 반항하면서 공중전이 벌어집니다. 결국은 기득권이 인정된 걸까요. 기존의 수컷이 다시 돌아와 같은 행동을 이어 갑니다.

10여 분을 그렇게 놀고 다시 묵논에 오니 어느새 왔는지 본 종 수컷 한 마리가 나무 높이에서 부산스레 비행합니다. 매우 빨라 처음엔 말벌인 줄 알았습니다. 서식지 3에서 본 수컷의 행동 그대로입니다. 5분 정도 그렇게 비행하고는 곧 멀리 사라져 버립니다. 오늘은 이상하게 수컷들이 낮게 내려오지 않고 높은

---

14 '왕실잠자리'로 불리고 있으나 역시 위의 책 "한반도 잠자리 곤충지"의 객관적 검토 의견을 따라 '대륙등줄실잠자리'로 부르기로 한다.

곳에서만 빠른 비행을 하고 이내 사라지는군요. 왜 그러는지 그 마음을 필자는 모르겠습니다. 다만 주변에 새들의 울음이 매우 시끄럽습니다.

　빠른 사라짐에 허탈함을 안고 옆 논으로 올라가니 산비탈 그늘진 입구 쪽에서 천천히 낮은 비행을 하는 개체가 보입니다. 수컷의 움직임과는 달라 이내 암컷임을 압니다. 녀석은 필자가 나타나자 마치 강아지처럼 다가와 훑어보고는 다른 곳으로 사라집니다. 산란 자리를 찾던 중인데 반갑지 않은 손님으로 기분이 상했나 봅니다. 주변에 수컷은 보이지 않네요. 수컷이 없는 틈을 노려 찾아온 암컷인가 봅니다. 따가운 볕이 힘겨워 다시 서식지 3으로 가보려 합니다. 수컷의 달라진 행동을 연이어 보니 어느 정도의 개체가 활동하고 있을지 궁금해졌습니다.

　도착하자마자 본 것은 입구 바로 아래쪽의 억새밭 위에서 높게 날며 선회하는 본 종 수컷 한 마리입니다. 높게 날지만 나는 속도도 조금 느려지고 이번에는 오래 한자리에 머물고 있네요. 멀리 있어 조그맣게 담을 수밖에 없지만 그래도 한껏 줌을 당겨 어렵게 몇 장 찍어봅니다. 본 종 수컷이 이렇게 높이 나는 것은 참 이례적입니다. 작년부터

〈그림 84〉 억새밭 위를 높게 날고 있는 수컷

올해까지의 시간 동안 이렇게 높이 나는 경우를 본 것은 손꼽을 정도입니다.

오늘은 보는 수컷마다 높이 나니 이상한 일입니다.

맨 아래쪽 산란장 묵논에 이르니 암컷 한 마리가 그늘 쪽 바닥에서 날아오릅니다. 아마 앉아 있다가 필자의 발길에 놀란 모양입니다. 그러나 멀리 가지 않고 주변을 서성이는데 가끔 정지하며 매우 느린 속도로 지면 가까이에서 천천히 움직입니다. 그러다 젖은 진흙 바닥 가장자리의 낙엽에 앉곤 하는데 10초 이내로 다시 움직입니다. 자리가 마땅찮은 건지, 필자로 인해 불안한 건지, 아직은 자리 탐색만 하는 건지 알 수 없는 가운데 몇 걸음 옆쪽의 억새 틈으로 들어가기에 따라가 봤더니 이미 사라지고 없습니다.

지난해부터 계속 관찰해 온 암컷들의 산란 자리는 물이 없는 곳입니다. 겉은 마르고 속은 습기가 풍부한 낙엽 퇴적지, 억새풀 밑동 마른 잎 더미, 습기 많은 바닥에 누워 있는 오래된 나무토막 등일 뿐 고인 형태의 물이 있는 곳에서 산란하는 것은 단 한 번도 목격하지 못했습니다. 작은 물웅덩이에서 유충이 발견되는 것은 유충의 이동에 따른 결과임을 생각해 보게 됩니다.

시간은 이제 정오에 가까워집니다. 다음 두 산란장 묵논에는 수컷도 암컷도 보이지 않습니다. 내친김에 맨 위쪽까지 둘러보고 내려오는데 맨 위 산란장 묵논 바로 위 논 구석 그늘 바닥에서 암컷 하나가 놀라 날아가 버립니다. 앞으로는 이 묵논도 산란장이 되려나 봅니다. 산란장이야 늘어날수록 좋은 일 아니겠습니까.

옆 골에도 가보아야겠습니다. 없습니다. 오늘은 암컷은 평소와 다름없어 보였지만 수컷은 개체 수도 많지 않았고 행동도 좀 달랐습니다. 잠자리 마음을 알 수 없으니 답답합니다. 관찰 여건이 맞지 않는 날인가 싶어 오늘은 여기서 접기로 합니다. 간만에 공휴일 한가한 오후를 즐겨볼까 합니다.

아침 최저 17도, 낮 최고 24도(차량 측정 평지 최고온도는 30도)의 맑은 날. 손님이 방문하기로 예정된 날이라 관찰을 포기할까 싶었는데 도착 예정 시간이 정오쯤이라니 짬이 좀 생깁니다.

오늘은 예전에 봐두었던 또 다른 곳을 확인하러 갑니다. 올해 초 발견한 골짜기 묵논들인데 환경은 서식지 3과 비슷해 보이지만 바닥의 물도 많고, 골짜기 넓이가 넓으며, 논 안쪽에 나무들이 서 있지도 않은 모습입니다. 다만 골이 매우 깊고, 논 사이 둑 위로 나뭇가지가 늘어져 제법 그늘이 형성되는 곳도 있는지라 본 종의 서식 가능성을 어느 정도 기대하며 정해두었던 곳입니다.

억새와 골풀로 가득 찬 묵논들에는 이른 봄 넉점박이잠자리들이 가득했으며, 지금은 배치레잠자리, 중간밀잠자리들이 우글거리고 있습니다. 중간에 연못이 하나 있는데 그 위로 마지막 묵논이 하나 있고, 그 묵논 위에 작은 물웅덩이가 있습니다. 그 위로는 좁은 산골짜기로 이어집니다. 작은 물웅덩이에는 먹줄왕잠자리 우화각들이 여기저기 주렁주렁 매달려 있고, 참실잠자리 개체도 매우 많습니다.

연못 아래쪽 논들은 본 종의 서식지로서는 적합지 않다고 판단되어 혹시 꼬마잠자리가 있지 않을까 하고 둘러봅니다만 발견할 수 없습니다. 연못과 논 사이 둑 나무 그늘 안을 살펴봅니다. 역시 본 종은 보이지 않습니다. 반신반의한 대로 역시 서식지는 아닌가 보다 하고 위 물웅덩이에서 참실잠자리와 먹줄왕잠자리가 노는 모습을 좀 지켜보면서 휴식합니다. 휴식 중 둘러보니 마지막 묵논은 좀 다릅니다. 가득한 억새 밑으로 바닥엔 여기저기 작은 웅덩이도 보이고, 지면의 물도 그다지 많이 고여 있지는 않습니다. 또한 안쪽엔 오리나무도 있고 버드나무 등 다른 나무들도 몇 그루 있어 환경이 제법 비슷합니다. 어쩌면 이곳은 좀 더 늦게 나타날지도 모르는 것 아니겠는가 생각하며 이만 철수하기로 마음먹고 묵논 옆 산길로 올라섭니다.

몇 발자국 걸음을 옮기는데 갑자기 길옆 산비탈에 선 참나무 중간쯤에서 무언가 휙 날아오르더니 몇 미터 더 앞의 참나무 위 가지에 앉습니다. 짝짓기를 한 형태로 보여 카메라 줌으로 당겨보니 본종 한 쌍이 화려한 무늬를 뽐내고 있습니다. 놀라서 날아오르다 결속이 풀린 상태인데 수컷 부속기가 암컷의 머리 뒤를 잡고 일직선으로 늘어선 형태입니다. 새로운 서식지를 발견하는 순간입니다!

〈그림 85〉 서식지 4를 발견한 순간

얼른 사진기 셔터를 두세 번 눌렀는데 녀석들이 날아오릅니다. 머리 위에서 좀 더 높은 높이로 빙빙 돌며 풀렸던 결속을 다시 추스릅니다. 그러더니 주변의 나무들을 살피며 앉을 자리를 고릅니다. 결국은 마땅한 자리가 없는지, 아니면 낯선 인간 하나가 떡 버티고 서 있는 게 부담스러웠는지 높이 날아오르더니 멀리 소나무 숲으로 들어가 시야에서 사라집니다.

사진이 만족스럽지 못해 혹시나 하고 급히 사라진 쪽으로 달려갑니다. 맨 위 묵논에서 이어진 좁은 산골짜기는 무성한 잡목들로 몸을 비집고 들어가기가 힘듭니다. 억지로 나뭇가지들을 헤치며 몇 걸음 들어서는데 잎 넓은 어떤 나무가 그늘을 드리운 안쪽에서 수컷 한 마리가 영역 비행을 하고 있습니다. 역시 그늘 속 영역 비행은 천천히 그리고 정지도 가끔 하는 방식입니다. 이곳이 서식지임이 확실해졌습니다.

정해진 시간이 있고 해서 이제 그만 기쁜 마음을 안고 다른 곳으로 이동하려 합니다. 골짜기에서 산길로 접어드는데 마지막 묵논 위 높은 곳에서 검은빛의 잠자리가 부산스러운 비행을 합니다. 묵논 영역을 벗어나지는 않지만 꽤나 여기저기를 왔다 갔다 합니다. 줌을 당겨도 역광까지 겹쳐 잘 보이지 않습니다. 일단 작게라도 몇 컷 찍어 확인해 보니 삼지연북방잠자리입니다.

산길로 얼마쯤 내려가니 중간 연못 아래인데 덩치 큰 잠자리가 나뭇가지에 앉아 무언가를 먹고 있습니다. 확인해 보니 장수측범잠자리가 나비를 잡아 식사 중이군요. 아래쪽으로도 계속 몇 마리가 보입니다. 묵논과 야산 사이에 재래식 농업용 수로가 있는데 물이 넉넉하게 흐릅니다. 때문에 이들이 이곳에서 목격되는지, 그냥 미숙이기에 야산 근처에서 목격되는지 궁금해집니다.

이동하여 도착한 곳은 해안가 가까운 거리에 있는 마을 야산 골짜기 묵논지입니다. 지난해 발견 당시 환경이 본 종에게 매우 적합하게 느껴져서 마음에 늘 남겨놓았던 곳입니다. 가득한 억새, 충분한 용천수, 바닥에 산재하는 작은 웅덩이, 안쪽의 오리나무들과 둑의 넓은 나무 그늘, 약간 어두운 산골짜기와의 인접 등 여러 면에서 매력을 갖춘 곳입니다. 지난해 이곳에 삼지연북방잠자리까지 있었으니 더할 나위 없는 본 종 서식 가능지입니다. 그러나 결과는 없음입니다. 이 좋은 조건에 왜 없을까 열심히 머리를 굴려봅니다.

그리고 보면 좋은 조건임에도 본 종의 서식이 발견되지 않는 곳이 또 있습니다. 역시 산골짜기의 묵논지인데요, 그곳은 해안과는 떨어져 있습니다. 맨 위에 큰 못이 있고 아래로 묵논들이 계단식으로 이어집니다. 매년 이곳에서 백두산북방잠자리, 참북방잠자리, 삼지연북방잠자리를 관찰합니다. 못 위쪽에 용천수가 발생하여 넓게 적시는 평평한 공간이 있는데 오리나무들이 듬성듬성 여럿 서 있어 그늘도 좋고 바닥의 물기도 좋습니다. 바닥이나 비탈 쪽으로 낙엽층도 두껍습니다. 이러함에도 두 해 연속 관찰에 한 번도 본 종이 눈에 띄지 않았으며 우화각도 발견되지 않습니다.

환경은 좋으나 본 종 개체가 발견되지 않는 2곳의 공통점으로 생각이 달려 갑니다. 2곳의 야산들 모두 백두대간 큰 산들의 능선과는 별도로 떨어진 산들 입니다. 서식지 1부터 4까지의 야산들이 모두 큰 산들의 능선에 이어져 있다면 이 2곳은 그 점에서 차이가 있습니다. 이 차이가 관계있는지, 본 종에 대한 몇 가지 남겨진 과제 속에 하나 더 추가하고 돌아옵니다.

6월 9일

아침 최저 16도, 낮 최고 27도(차량 측정 30도)인 맑은 날입니다. 옅은 구름이 조금 보이긴 하는군요. 오늘은 우선 본 종의 서식지일 것으로 이전에 상정해 놓은 또 다른 곳을 확인해야겠습니다. 어제 온종일 내린 비로 공기가 상큼하니 아침 8시부터 출발해 봅니다.

내린 비에 이슬까지 더 해진 풀잎은 온통 젖어 있습니다. 걸음을 걸을 때마 다 바지가 축축해지네요. 그런데도 벌써 묵논엔 배치레잠자리들이 아우성입니다. 넉점박이잠자리들은 수적으로 조금 열세네요. 끝빨간실잠자리[15]들이 사락 사락 풀 사이를 비켜나는데 그 위로는 참실잠자리들이 푸른빛을 뽐내며 암수 서로 정답습니다. 중간밀잠자리들도 아침부터 구애 활동에 여념이 없고요. 이 렇게 여러 가지 잠자리들의 난무 속에 정작 본 종은 보이지 않습니다. 반가운 것은 꼬마잠자리들 여럿 여기저기 보인다는 건데요, 모든 것은 희소성이 있을 때 귀하게 여겨지니까요.

본 종을 보기 위해서는 아직 이슬이 더 말라야 할 거 같아서 꼬마잠자리와 잠시 놀아봅니다. 가만히 앉아 있다가 폴짝 날아올라 작은 날벌레를 잡아먹고 다시 자리로 돌아오는 모습이 꽤 귀엽습니다. 가장 예쁜 자세로 사진에 담으려 애를 쓰는데 워낙 작아서 크게 담으려면 가까이 가야 한다는 과제가 생깁니다. 더욱이 혹시라도 꼬마잠자리 유충을 해치지는 않을까 하는 염려에 발을 딛는 자리도 유념해야 합니다. 암컷 하나를 골라 수컷이 다가서기를 기다려 봅니다. 바로 지척에 수컷이 있으니 곧 다가오겠지 하고 기다리는데 1시간 가까이 지나 도 서로 관심이 없습니다. 일정상 이곳에서 많은 시간을 보낼 수 없어 다음 기 회를 다짐하고 자리를 이동합니다.

맨 위쪽 묵논까지 자세히 훑고 다녔지만 끝내 본 종은 관찰되지 않습니다. 둑에 드리워진 그늘도 샅샅이 들여다봤지만 없습니다. 폐가 옆의 나무들 숲으 로 들어가 봐도, 앞마당의 덩굴진 나무 속에도 보이지 않습니다. 폐가 뒤는 야 산 끝자락입니다. 끝자락 옆으로 풀이 무성한 가운데 듬성듬성 억새들이 서 있 는 묵은 밭 같은 공터가 작게 있습니다. 주변은 여러 가지 나무들이 에워싸고 있네요. 그 공터 바로 앞에 커다란 늙은 매실나무가 한 그루 넓게 가지를 펴고

---

15 '황등색실잠자리'라고도 불리지만 역시 앞의 책 명칭을 따른다.

〈그림 86〉 서식지 5 발견

그늘을 짓네요. 그런데 어! 그늘 속에 뭔가 익숙한 움직임입니다.

수컷 하나가 그늘 속에서 필자의 등장을 경계하며 비행합니다. 그늘 둘레를 돌며 가다 서기를 반복하더니 잠시 후 필자에게 가까이 다가와 살핍니다. 필자가 가만히 있자 안심이 됐는지 무릎 높이의 작은 가지에 앉습니다. 드디어 다섯 번째 서식지를 발견했습니다. 공터 습지와 주변을 둘러보며 위치, 식생, 바닥 형태, 물기, 그늘 구조 등을 살펴봅니다. 서식지 하나를 더 추가한 기쁨을 안고 서식지 3을 향해 이동합니다.

〈그림 87〉 수컷이 영역 비행을 한 장소

정오쯤 도착해 골 입구로 걸어 들어가는데 온몸에 땀이 흐릅니다. 등과 배낭 사이는 마치 물기 많은 수건을 댄 것 같습니다. 입구에는 그늘진 곳에서 수컷 한 마리가 영역을 지키는 중입니다. 다른 수컷 한 마리가 들어서자 용맹히 싸워 물리칩니다. 자주 경험하는 바이지만, 이런 경우 대부분은 기존의 수컷이 승리 합니다. 의기양양 영역 주변을 돌며 비행하는데 이번에 몸집이 만만찮은 큰밀 잠자리가 영역 안으로 들어섭니다. 기죽을 한라별왕잠자리가 아닙니다. 재빨리 덤벼들자 큰밀잠자리도 잠시 맞섭니다. 하지만 결국 또 터줏대감의 승리로 끝 납니다. 이제 수컷들의 활동 영역이 골 아래쪽으로 점점 확대되고 있습니다.

〈그림 88〉 웅덩이 안의 마른 억새에 앉은 수컷

맨 아래 묵논 구석 소나무 그늘 바로 밑에는 주변이 억새로 둘러싸 인 마른 웅덩이가 하나 패어 있는 데 그 안에는 마른 억새잎이 깔려 있습니다. 수컷 한 마리가 영역 비 행을 끝내고 웅덩이 안으로 들어가 더니 바닥의 마른 잎 위에 앉습니 다. 지난해에도 느낀 바지만 본 종 은 봄잠자리답게 더위에 많이 약합 니다. 이런 고온의 날에는 11시 반 쯤만 넘어도 활동을 접고 그늘 속 에 들어가 앉아 쉬기만 합니다. 즉, 한낮 온도 30도 이상이면 그늘을 벗어나지 않고 앉아 쉬기만 하며 방해요소가 나타날 때만 잠깐 경계 비행을 하고 다시 앉는다는 것입니다.

위쪽 묵논들을 향해 계속 올라가면서 보니 각 묵논 구석 그늘진 곳엔 모두 수컷 한 마리씩 자리에 앉아 쉬고 있습니다. 사람이 다가가면 잠시 날아올랐다가도 이내 그늘 안 지면 가까운 곳에 앉습니다. 산란장 묵논들에는 그늘이 넓은데요, 그곳에도 바닥에 낮게 앉아 있는 수컷들이 보입니다. 맨 아래 산란장은 요즘 들어 암컷이 자주 출몰하는 곳인데요, 여기는 둘 이상의 수컷이 한 장소에 거리를 두고 있는 것이 보이네요. 수컷들의 '핫플레이스'인가 봅니다. 서식지 3은 이제 완전한 본격 활동기에 접어들었다고 할만하네요.

옆 골 상황도 살펴야겠습니다. 흐르는 땀을 손등으로 훔쳐내다 눈 속에 염분이 들어갔는지 몹시 쓰립니다. 안경을 벗고 윗옷 자락을 늘려 얼굴 전체를 닦아냅니다. 옆 골 묵논은 개방지에 가깝고 둑 둘레로만 아까시나무, 참나무들의 그늘이 있습니다. 그 그늘을 이용해 영역 비행을 하며 가끔 햇볕 속으로도 나갔다 오는 수컷이 보이는군요. 결국 이 서식지엔 그늘 속마다 수컷 한 마리씩은 다 있다고 봐야겠네요. 그리고 우화가 시작된 지 한 달 정도면 왕성한 본

〈그림 89〉 묵논 개방지에서 영역 비행 중인 수컷

격 활동 시기라고 해야겠습니다.

이렇게 관찰을 이어가다 드는 생각이 있습니다. 본 종의 유충기는 1~3년으로 알려져 있는데요. 그렇게 칙칙한 모습으로 유충기를 보낸 후 날개 달고 화려하게 시작한 새로운 삶이건만, 결국 이 삶 전체를 쥐고 있는 것은 '먹고 싸고 번식'하는 것밖엔 없다는 것입니다. 수컷의 하루는 그저 목숨 유지를 위해 먹고 싸는 것 외엔 온통 암컷을 기다려 짝짓기에 성공하는 것을 꿈꾸는 것밖엔 없습니다. 암컷이 산란 외 다른 시간을 어디서 어떻게 보내는지는 많은 다른 잠자리들의 암컷들처럼 알 수가 없지만 말입니다. 인간의 머리로 재면 허무하고 허탈한 삶이란 생각이 들 법도 한데요, 그렇다고 인간은 아주 다를까 하는 생각과 다른 무엇을 위해 감내해야 하는 것들이 없지 않다면 잠자리의 삶이 꼭 인간보다 허무한 것이라고는 생각하기 어려울 듯합니다.

오늘은 왕성한 활동기의 저들 모습과 더불어 사치스러울 수도 있는 상념을 얻고 돌아옵니다.

6월 10일

아침 최저 20도, 낮 최고 28도(차량 측정 산지 쪽 평지 33도, 해안 쪽 26도)의 맑은 날입니다. 아침 8시인데도 벌써 차의 온도계는 28도를 표시하고 있습니다. 만만찮은 하루가 예상됩니다.

서식지 3의 골 입구에 도착해 주차하고 장비를 챙겨 몇 발짝 움직이니 벌써 수컷이 보이는군요. 점점 더 활동 영역이 넓어지고, 시간도 일러짐을 확인합니다. 산길 공터에서 뱅뱅 돌며 영역을 지키는 수컷을 향해 다른 수컷들이 간간이 나타나 영역을 양보할 것을 요구합니다만 그들에게 돌아가는 것이 친절한 양보일 리는 없습니다. 무자비한 공격에 결국 다들 물러납니다. 의기양양한 수컷은 필자에게로 가까이 다가와 자랑인지 경고인지 모를 눈빛을 던지고 몸을 훑어본 다음 다시 자기 일에 집중합니다.

　오늘은 온종일 산란장 묵논 3곳에서만 있어볼 예정입니다. 짝짓기를 한 쌍을 만나고, 그 쌍이 나무 위에서 얼마의 시간을 보낸 뒤 결별할지 궁금하기 때문입니다. 산란장을 향해 오르는 동안 산길, 묵논 구석 그늘 등에는 어제와 변함없이 수컷들이 보입니다. 이른 시간부터 영역 점유가 필요한 시점인가 봅니다. 영역 안에서 비행하며 작은 날벌레도 열심히 잡아먹습니다. 아침 이른 시간엔 주로 너무 어둡지 않은 그늘, 약한 햇살이 드는 곳으로 영역을 잡나 봅니다. 오후 시간에 차지하던 영역들은 아침 직광이 들어서인지 반대편 쪽에서 주로 활동합니다.

〈그림 90〉 산란장 안쪽에 앉은 수컷

　8시 반이 좀 넘어서 맨 아래 산란장으로 수컷 한 마리가 들어옵니다. 영역을 둘러보며 돌더니 암컷이 자주 나타나는 곳 안쪽에 있는 마른 나뭇가지를 잡고 낮게 앉습니다. 지면과는 5센티미터 이하의 높이입니다. 지난해부터 자주 보아왔지만 가장 낮게 앉을 경우에는 배

끝이 땅에 닿을 때도 있습니다. 앉으면 지속적으로 날개를 가볍게 떱니다. 언제든지 날아오를 준비가 돼 있단 거겠죠. 잠시 후부터 다른 수컷들도 이곳을 방문합니다. 그때마다 격렬한 싸움이 벌어지고 변함없이 기존의 수컷이 승리합니다. 위쪽의 묵논 산란장에도 시간이 지날수록 수컷들의 방문과 영역 싸움이 보입니다.

이 묵논들은 전체적으로는 흙에 습기가 촉촉합니다. 그러나 지금 시기에는 겉이 거의 마른 듯한 곳들이 넓게 분포한 가운데 구석 자리 일부 공간에만 물기가 겉으로 보이는 질척한 곳이 있습니다. 위쪽 용천수가 흘러들었다가 다음 묵논으로 내려가는, 겉으로는 보이지 않는 물길이 있는 곳이거나, 자체적으로도 작은 용천수가 솟는 부분이 있는 곳 주변으로는 다른 곳보다 물기가 많은 것이지요. 그런데 이런 곳에는 수컷도 암컷도 나타나지 않습니다. 겉이 말라 희끄무레한 낙엽이나 풀잎들이 쌓인 곳, 겉으로는 물기를 볼 수 없는 진흙이 펼쳐진 곳 등 비교적 건조해 보이는 곳에서만 활동이 목격됩니다.

산란장에 앉아 있는 수컷은 별다른 방해가 없으면 거의 1시간을 그대로 있습니다. 그러다 중간중간 작은 날벌레가 얼씬거리거나 풀잎에 붙어 있는 것을 발견하면 섭식을 하기도 하면서 말입니다. 그러다 다른 수컷이 나타나면 마치 전투기처럼 서서히 떠올라 공격을 가합니다. 그만큼 영역에 대한 집착이 매우 강합니다. 지난해 활동 후반기에는 저렇게 앉은 수컷이 저녁 컴컴해지는 시간까지도 그대로 있어 그곳에서 그렇게 밤을 보내는가 했습니다. 올해는 이것도 확인해 볼 예정입니다.

수컷들의 행동을 지켜보며 둑에 앉아 우두커니 있는데 갑자기 옆쪽 억새 숲 오리나무 밑 쪽에서 노랑턱멧새 새끼 한 마리가 쪼르르 걸어 나오더니 얼른 산속으로 들어갑니다. 어제 오후에 똑같은 장소에서 본 똑같은 풍경입니다. 어제는 그저 어미 잃은 낙오된 새끼려니 했는데 같은 장소에서 나오는 걸 보니 그곳에 둥지가 있는 것입니다. 이 종은 이소 모습이 참 특이하군요(오후에도 두 마리의 새끼가 같은 방법으로 이소했습니다). 이렇게 조류의 둥지가 곁에 있는 곳에서 산란을 하고 영역 활동을 한다는 것도 참 신기합니다.

이제 이 맨 아래 산란장엔 수컷 두 마리가 거리를 두고 각각 앉아 있습니다. 한 공간 가까운 곳에 두 마리가 동시에 있을 수 있는 것은 산란장이 그늘이 짙은 곳인 이유일 것입니다. 그늘 속에서 낮게 날고, 낮게 앉고, 그보다 높은 키를 가진 억새가 시야를 막아주니 가능할 일이겠습니다. 조금 후에 또 한 마리의 수컷이 날아와 역시 자리를 잡고 앉습니다.

〈그림 91〉 산란 자리를 찾는 암컷

암컷이 올 거라는 어떤 기미를 읽은 걸까요. 이렇게 여럿의 수컷이 모이자 잠시 후 암컷이 나타납니다. 시간은 9시 반쯤이네요. 바닥에 앉아 배 끝으로 찔러보고 다시 옆으로 이동합니다. 1~3초 간격으로 이런 행동을 반복합니다. 수컷이 한 마리 더 찾아옵니다. 앉아 있던 수컷 세 마리는 암컷의 출현을 모르는지 그대로 있는데 늦게 나타난 수컷이 암컷 쪽으로 다가갑니다. 그러자 암컷은 아래 묵논으로 날아가 사라집니다.

몇 분 후 암컷이 다시 나타났습니다. 이번에도 똑같이 바닥을 찍으며 다니다가 한 앉아 있는 수컷 쪽으로 가까워졌습니다. 수컷이 아주 조용하게 천천히 낮게 날아오르더니 바닥에 배 끝을 찍고 있는 암컷을 낚아챕니다. 인간 세계에서는 이런 강제집행은 큰일 날 일이겠지만 잠자리 세계에서는 지극히 정상적인 장면입니다. 수컷이 부속기로 암컷의 머리 뒤를 잡고 결속한 뒤 일자 형태로 날아오릅니다. 암컷은 거부의 몸부림을 합니다. 사람 키보다 약간 더 높은 높이에서 빙빙 돌며 수컷은 생식기 결합을 시도합니다. 그러나 암컷은 완강히 거부하며 몸을 흔듭니다. 결국, 결속은 풀리고 암컷은 쏜살같이 날아가 버립니다. 수컷은 공허하게 주변을 몇 번 돌고 다시 자리로 돌아와 앉습니다. 이런 과정을 겪는 동안 다른 수컷들은 어디로 가고 이제 이 한 수컷만 자리를 지킵니다.

다시 또 얼마의 시간이 흐르자 수컷 두 마리가 1분 간격으로 도착합니다. 먼저 온 수컷이 강하게 몰아냅니다. 그 후로도 계속 수컷들의 방문이 이어지고 영역에 자리 잡은 두 마리 수컷들은 그들을 쫓아내기에 여념이 없습니다.

10시 무렵 암컷 한 마리가 다시 나타납니다. 바닥에 내려앉으려 하려던 찰나 갑자기 바닥에서 수컷이 달려들어 낚아챕니다. 미쳐 필자가 발견하지 못한 수컷이 거기에 있었나 봅니다. 역시 일자형으로 날며 생식기 결합을 시도합니다. 이번에는 성공인가 하던 찰나 다른 수컷이 덤벼듭니다. 결속은 풀리고 이번에도 실패입니다. 암컷은 또 멀리 날아가 버립니다. 짝짓기는 의외로 성공률이 높지 않음을 알게 됩니다. 암컷의 저항, 다른 수컷의 방해 등으로 말이지요. 바깥쪽으로 보이는 개방지의 묵논들에서는 구석마다 수컷들의 영역 비행이 보이는군요. 산란장엔 계속해서 수컷들이 날아들고 싸우고 쫓겨 나가고가 반복됩니다. 수컷 두 마리가 고정적으로 자리 잡고 앉아 영역 지키기에 여념이 없습니다.

〈그림 92〉 짝짓기 성공

10시 반 무렵 다시 또 암컷 한 마리가 날아듭니다. 여기저기 찍고 다니기를 잠깐 하는 사이 수컷에게 덜미를 잡히고 맙니다. 옆 골 상황을 보러 갔던 지인이 운 좋게 이때 당도합니다. 2분 정도 빙빙 돌며 완전 결합을 추구한 끝에 이번엔 성공입니다. 바로 주변 나뭇가지에 착지합니다. 높이는 4~5미터 정도 되겠네요. 이 행운을 놓칠 수 없죠. 둘이서 열심히 셔터를 누릅니다. 그늘 안이라 어두워서 촬영에 다소 어려움이 있어 지인은 플래시까지 터뜨립니다. 그래도 저들은 꿋꿋하게 앉아 있습니다. 거리로 보면 저들과 우리는 3미터 정도입니다.

〈그림 93〉 짝짓기 후 복귀한 수컷

수컷은 암컷을 잡고 가끔 몸을 떱니다. 배에다 힘을 주며 꿈틀거리기도 하고요. 암컷도 가끔 대응하여 몸을 떱니다. 촬영 소음, 우리의 발걸음 소리, 플래시 불빛, 핸드폰 울림 소리 등 다양한 방해요소에도 아랑곳하지 않습니다. 나무 아래 산란장 바닥에는 다른 수컷 두 마리가 계속 앉아 대기 중입니다.

나무에 앉은 지 30분 정도가 되어갈 즈음이 되자 생식기 결합이 풀리고 일자로 매달린 모습이 됩니다. 몇 초간 가만히 있더니 암컷이 몸을 흔들기 시작합니다. 몇 번을 파닥거리자 수컷으로부터 떨어져 나옵니다. 암컷은 그 길로 인근 산 숲으로 들어가 버립니다. 수컷은 그 자리에 좀 더 앉아 있더니 날아내려 와 산란장으로 다시 복귀하고, 그 자리에 있던 수컷과 또 싸움이 벌어집니다. 오늘의 가장 큰 목표가 해결되었습니다. 짝짓기 시간은 30분. 이제 오전과 오후, 언제 짝짓기가 주로 이루어지는지 확인해 볼 차례입니다.

지인을 그 자리에 두고 이번엔 필자가 옆 골로 잠깐 다녀오기로 합니다. 개방지 묵논 구석 그늘에 쉬고 있는 수컷들도, 산길에서 놀고 있는 수컷도, 주차 공간 근처 소나무 숲에서 날고 수컷도 아침에 도착할 무렵 그대로입니다. 옆 골에 있는 연못에는 노란허리잠자리 하나가 비행하고 있네요. 이네들도 이제 활동을 시작했나 봅니다. 활동 영역이 얼마나 확장되었을까 궁금한 김에 연못 위 풀밭 공터에 들러봅니다. 지난해 이곳에서 어김없이 수컷 몇 마리가 보였으니까요. 아직은 안 보이는군요. 묵논에 도착하니 수컷 한 마리가 영역 비행 중입니다. 개방지에 가까운 묵논이므로 역시 그늘이 지는 구석에만 한 마리 보일 뿐입니다. 위로 올라가 암컷이 산란을 시도하던 풀밭 공간을 둘러봅니다. 아무것도 보이지 않네요. 이 골은 그늘이 적고 햇볕이 강하게 드는 곳이라 한낮의 시간엔 활동이 없나 봅니다. 아침에 지인이 들렀을 땐 영역을 지키고 있는 개체를 보았다고 했는데 말입니다.

산란장으로 복귀하는 길에 인근의 또 다른 공터 풀밭에 들러봅니다. 역시 지난해 여러 마리의 수컷들이 활동하던 곳입니다. 햇빛을 등진 산자락의 그늘에 두 마리가 놀고 있네요. 며칠이면 이 일대 공터들과 소나무 숲에서 많은 개체들이 지난해처럼 활동할 듯합니다.

이런 고온인 날 한낮인 11시 반 정도부터 오후 2시까지는 보통 잠자리들의 활동이 없습니다. 풀숲이나 그늘에 앉아 쉬고 있는 경우가 많습니다. 이 틈에 점심을 해결하러 다녀옵니다. 그리곤 지인은 맨 아래 산란장에, 필자는 맨 위 산란장 이렇게 나뉘어 관찰합니다.

오후 1시 50분쯤, 이번엔 맨 위쪽 산란장에 암컷이 날아들고 대기 중이던 수컷에게 잡힙니다. 마찬가지로 일자 결속을 이룬 뒤 완전 결합을 위해 퍼덕이며 공중으로 오르더니 하필 큰 소나무 위쪽으로 올라가 시야에서 사라집니다. 낙담하고 있는 사이 수컷이 팔랑팔랑 자리로 복귀합니다. 실패했다는 뜻이지요. 또 다른 짝짓기를 기다리는 중 인근 나무 밑 작은 가지에 삼지연북방잠자리 우화각이 보이네요. 본 종 많은 수가 우화한 자리 근처입니다.

오후 2시 35분경이 되자 다시 암컷이 나타납니다. 이번에도 맨 위 산란장입니다. 오후엔 주로 위쪽 산란장으로 찾아드는군요. 그런데 이번에도 완전 결합을 시도하며 옆의 소나무 숲속으로 들어가 버립니다. 그러더니 조금 있다 수컷이 되돌아옵니다. 또 실패입니다. 짝짓기 성공률이 참 낮다고 생각해야겠군요. 또한, 짝짓기는 오전, 오후 가릴 것 없이 온종일 이루어진다고 봐야겠습니다.

이후는 산란장에 앉아 대기 중인 수컷 몇이 가끔 섭식하고, 싸우거

〈그림 94〉 산란을 시도하는 암컷

나, 경계 비행을 하는 것 외엔 조용해집니다. 이제 하루의 활동이 끝나는 것인가 하는 생각하며 둘이 앉아 이런저런 신변잡담을 나눕니다. 그러던 차 오후 4시 20분경 암컷 한 마리가 맨 아래 산란장으로 들어옵니다. 멈칫멈칫하며 주변을 탐색하려던 그 순간 대기 중인 수컷이 재빠르게 낚아챕니다. 이전 짝짓기들과 마찬가지로 행동하는데 이번엔 완전 결속을 하려는 수컷보다 암컷의 거부 행동이 더 거셉니다. 그럼에도 수컷은 강제로 암컷을 끌고 공중으로 높이 뜹니다. 오늘 본 것 중 가장 높은 높이로 올라가더니 가지 넓은 나무 뒤로 사라져 보이지 않게 됩니다. 수컷이 곧 돌아올지 확인하기 위해 20여 분을 기다렸지만 돌아오지 않으니 이번에는 성공한 것이라 여겨집니다.

오늘 하루 6건의 짝짓기 시도를 관찰했지만 성공은 2건뿐, 짝짓기 성공률은 낮다고 결론 내려봅니다. 오늘 몇 가지 확인된 사실들로 나름 뿌듯해집니다. 온몸이 물에 젖은 듯 땀 범벅이지만요.

6월 11일

아침 최저 19도, 낮 최고 25도(차량 측정 해안 26도, 산지 쪽 평지 34도)로 기상청은 발표했지만 해가 뜨면서부터 달아오르는 열기에 감히 나갈 엄두가 안 납니다. 어제의 고단함도 있고 해서 오늘은 좀 쉬어가야겠다고 생각했는데 오후 들어서면서부터 갑갑증이 돌아옵니다. 늘 하던 짓을 금방 끊을 수야 없겠지요.

오후 3시, 가장 가까운 서식지 4로 향합니다. 이곳은 최근 발견했지만 정확하게 어디가 주 서식 장소, 즉 산란과 짝짓기가 주로 일어나는 곳이 어딘지 아직 특정하지 못한 곳입니다. 따라서 분명한 서식 장소로 단정하기 위해서는 산란 장소를 꼭 찾아야겠습니다.

차 문을 여니 훅 하고 더운 공기가 덮칩니다. 창문을 죄다 내리고 마구 달려가서 주차하고 몇 걸음 옮겼는데 벌써 땀이 흐릅니다. 수컷이 영역 비행을 하던 산골 입구로 바로 갑니다. 아무것도 보이지 않습니다. 그때 수컷이 필자를 피해 이동하던 방향을 생각합니다. 그 방향으로 들어서니 이번 봄에 정리한 듯 베어진 잡목들이 여기저기 뒹굴고 있는데 결과적으로 그 일대가 풀밭 공터처럼 되어 있습니다. 발에 걸리는 나뭇가지에 기우뚱거리며 여기저기 둘러보는데 마지막 묵논 쪽으로 내려가는 말라버린 물길 중간에 움푹한 곳이 보입니다.

아주 자그마한 웅덩이엔 물기가 남아 있네요. 자체적으로 약간의 용천수가 발생하는가 봅니다. 가장자리엔 오리나무가 한 그루 서 있습니다. 그런데 그 웅덩이에서 뭔가 두 마리가 휙 날아오릅니다. 본 종 수컷들입니다. 어떻게 이 좁은 곳에 두 마리가 함께 있었는지 모르겠습니다. 다가가자 한 마리는 공중으로 날아가고 한 마리는 웅덩이 주변을 낮게 휘휘 돌더니 곁의 작은 나뭇가지에 앉습니다. 일단은 성공입니다.

수컷이 두 마리나 대기하고 있던, 약간의 물기가 비추는 웅덩이라면 암컷이 오는 곳이 맞습니다. 여기는 분명 산란을 하는 곳이고 대기하고 있는 수컷에 의해 짝짓기가 이루어질 공간입니다.

그런데 그 작은 웅덩이 외엔 주변에 암컷이 찾아올 만한 곳이 아무것도 없습니다. 그렇다면 이 웅덩이에서 산란과 짝짓기가 벌어질 개체 규모는 매우 작다고 여겨집니다. 이 서식지 전체에는 그저 몇 마리 수준의 개체가 서식하는 곳일까 생각하다가 설마 하는 생각이 듭니다. 더 돌아봐야겠습니다.

산골 안으로 들어가 보니 서식 환경이라 할 조건을 갖춘 곳이 없어 보입니다. 그래서 맨 위 묵논 근처 나무 그늘 속을 살펴보기로 합니다. 묵논 안의 작은 나무들이 드리운 그늘마다 살펴봤지만 없습니다. 그래서 그 아래에 이어진 공터로 내려갑니다. 이 공터는 버드나무를 비롯한 잡목들이 우거져 그늘이 깊습니다. 중간 연못과 맨 위 묵논 사이에 위치한 곳으로 묵논과 옆의 산길을 기준으로 보면 푹 꺼져 들어간 낮은 지대입니다. 높은 위 묵논에서 스며들어 온 물기로 바닥은 촉촉할 정도의 습기를 지녔으며, 바닥 곳곳에는 작게 웅덩이들이 패어 있고, 그 안에 나무 잔가지, 낙엽 등이 쌓여 있습니다. 바닥 전체에 물은 전혀 보이지 않고 겉이 거의 말라 있습니다.

〈그림 95〉 산란 장소를 살피는 암컷

이 공터 입구에서 아래로 내려가자마자 바닥에서 수컷 한 마리가 날아오릅니다. 더 안쪽으로 들어가자 여기저기서 수컷들이 날아오릅니다. 도합 다섯 마리의 수컷들이 대기 중이군요. 너무 어두워 잘 보이지도 않는 찔레 덩굴 속까지 들어가 있습니다. 찾았습니다. 바로 여기입니다. 암컷이 오길 기다리며 한자리에 서서 기다려 봅니다.

4시 50분쯤 암컷 한 마리가 날아듭니다. 산란 자리를 찾아 1~2분씩 앉았다 이동했다를 반복하다가 결국 수컷이 앉아 대기하는 곳에 가까이 가버렸습니다. 수컷이 바로 조용히 떠오르더니 잽싸게 암컷의 머리를 낚아챕니다. 그리

〈그림 96〉 강제집행 된 짝짓기

고는 서식지 3에서 여러 번 본 것과 동일한 비행을 하며 생식기 접속을 시도합니다. 암컷의 반항이 이어졌지만 생식기가 닿자마자 암컷이 꼼짝 못 하고 끌려갑니다(후에 지인에게 문의한 결과 수컷 생식기에는 움켜잡는 기능을 하는 것이 있다고 합니다). 인간에게서라면 절대 일어날 수 없는 일입니다. 동의를 구하기는커녕 무조건 강제집행입니다.

산란장 바로 옆 나무에 앉은 이 쌍의 행동은 여느 짝짓기 쌍이 하는 행동과 같습니다. 다만 이 쌍의 경우 암컷이 계속 간헐적으로 몸을 강하게 떨어댑니다. 거부하는 의사를 표현하는 것이지요. 수컷이 계속 움켜쥐고 배에 힘을 주며 애쓰고 있지만 암컷은 무언가 맘에 들지 않는가 봅니다. 짝지은 지 12분 만에 결국 결합이 풀리고 말았습니다. 분리된 암컷은 다른 나무에 잠시 앉았다가 멀리 날아갑니다. 수컷은 그 자리에 한참을 그냥 있더니 원래의 자리로 복귀합니다. 서식지 4의 중심 장소를 드디어 확정할 수 있게 되었습니다.

그런데 참 이상합니다. 이렇게 물기 없는 곳에 산란을 하면 알은 어떻게 부화하며, 깨어난 유충들은 어디서 어떻게 생장할 수 있는 걸까요? 서식지 3을 제외하고 다른 서식지 모두 암컷이 산란한 그 장소와 근처에서 우화각을 발견할 수 있는 곳은 없었습니다. 유충은 알에서 깨어나면 어디론가 물을 찾아 이동하는 걸까요? 그렇다면 왜 암컷은 주변에 물이 있는 곳이 많고 많은데 굳이 물기가 없는 곳에다 산란하는 걸까요? 아직 알아봐야 할 것들이 너무나 많습니다. 여하튼 일반적인 잠자리들과는 다른 본 종은 참으로 신기한 잠자리입니다.

6시, 해가 거의 산등성이 뒤로 넘어가려 하는데 다른 수컷들은 다 어디로 가고 짝짓기에서 돌아온 수컷 하나만 꾸준히 자리를 지키고 있습니다. 아직도 암컷이 오리라 기대하는 건지, 아니면 이대로 밤을 지내려고 하는 건지 좀 더 지켜봐야겠습니다. 수컷은 아주 가끔 벌레의 날갯소리가 들리면 날아올라 산란장을 둘러보고 다시 앉곤 합니다. 암컷으로 착각한 건지, 아니면 다른 수컷을 경계하는 건지 모르겠습니다. 그러더니 6시 12분이 되자 떠올라 높이 날아 사라졌습니다.

6월 12일

아침 최저 22도, 낮 최고 34도(관찰지의 차량 온도 36도). 어제보다도 더 더운 날입니다. 계속되는 더위에 어쩌면 더위가 누적되어 더 덥게 느껴지기도 합니다. 오늘은 아침 일찍 나가 정오까지만 관찰할까 합니다.

아침인데 벌써 온도는 27도입니다. 7시 40분쯤 서식지 4에 도착해서 어제 찾은 주 서식 장소 입구로 들어서니 수컷 한 마리가 날아오릅니다. 부지런한 수컷입니다. 이 한 마리만 부지런히 움직인 건지 다른 곳엔 보이지 않습니다. 위쪽 묵논으로 올라서니 며칠 전 한 마리만 보였던 삼지연북방잠자리가 오늘은 두 마리가 서로 싸우기도 하면서 비행하고 있습니다. 그중 한 마리가 풀밭에서 올라온 다른 잠자리와도 싸우는데 뭔가 생김이 이상합니다. 포충망을 휘

둘러 채집해 보니 산측범잠자리 수컷입니다. 이미 성숙해서 눈이 파란데 이 근처 어디엔가 산측범잠자리도 서식하나 봅니다.

산골 입구의 작은 웅덩이로 가봅니다. 아직 보이지 않는군요. 조금 더 산골짜기로 올라가 보니 홀쭉밀잠자리 미성숙 수컷 한 마리가 보입니다. 이 묵논골에 잠자리가 꽤 다양하네요. 다시 주 서식 장소를 향해 내려옵니다.

8시 반, 아침 수컷이 날아오르던 자리에서 암컷 한 마리가 필자의 발소리에

〈그림 97〉 주 서식 장소의 수컷

놀라 날아가 버립니다. 안쪽으로 들어가니 어제 수컷이 늦게까지 앉아 있던 자리에 수컷 한 마리가 앉아 있습니다. 그곳 웅덩이가 가장 '핫플레이스'인가 봅니다. 일찍 우화한 개체인지 벌써 늙은 기색이 나타납니다. 뒤미쳐 수컷 한 마리가 날아들었으나 이내 쫓겨납니다. 땅바닥에 내리꽂더니 사정없이 물어뜯자 혼비백산 도망가 버렸습니다. 돌아보니 입구 쪽에 어느새 수컷 한 마리가 자리를 잡았군요. 이제 두 마리의 수컷이 이 공간에 대기 중인 것입니다. 눈을 멀리하여 묵논 앞 풀밭을 바라보니 삼지연북방잠자리 두 마리가 햇살 속을 날고 있습니다. 바야흐로 삼지연북방잠자리도 활동 시기에 접어든 것입니다.

9시 반쯤 되자 수컷 한 마리가 또 들어와 자리를 잡습니다. 이제 대기는 세 마리에 이르렀습니다. 그러나 암컷은 얼씬도 안 하므로 서식지엔 그저 앉아 있

는 수컷 세 마리의 정적만이 흐를 뿐입니다.

심심하고 지루하기도 하여 못들을 둘러보러 갑니다. 맨 위 못에는 먹줄왕잠자리가 수시로 드나들고 주변엔 참실잠자리가 분주합니다. 배치레잠자리와 넉점박이잠자리, 중간밀잠자리 몇 마리도 주변에서 놀고 있습니다. 중간 연못도 마찬가지입니다. 그 아래 묵논에는 변함없이 배치레잠자리들이 와글거리고 넉점박이잠자리와 중간밀잠자리가 약간 부족한 개체 수로 함께 섞여 있습니다. 군데군데 밀잠자리, 큰밀잠자리들의 활동도 눈에 띕니다.

〈그림 98〉 골 웅덩이의 수컷

10시경 산골 입구 작은 웅덩이에 들르자 어느새 왔는지 수컷 한 마리가 영역을 지키고 있습니다. 위 공터에는 또 한 마리의 삼지연북방잠자리. 한참을 서성이며 기다려도 암컷은 나타나지 않습니다.

다시 주 서식지로 돌아와 보니 대기 중이던 세 마리 수컷 중 입구 쪽 한 마리가 보이지 않습니다. 나머지도 앉아 있던 위치가 바뀌었네요. 암컷이 왔던 것이 틀림없습니다. 게다가 없어진 수컷은 한참이 되어도 나타나지 않습니다. 짝짓기에 성공하여 어느 나무 위에 앉아 있는 것입니다.

10시 20분쯤에 암컷 한 마리가 날아듭니다. 그러더니 자리를 실험해 보지도 않고 바로 산란을 시작합니다. 처음엔 바닥의 낙엽과 잔 나뭇가지가 섞인 곳에

〈그림 99〉 산란을 시작한 암컷

〈그림 100〉 나무에 산란하는 암컷

서 합니다. 산란판을 여기저기 깊게 찌르기도 하고 낙엽의 겉면을 찌르기도 합니다. 나뭇가지 위를 쓰다듬듯 훑기도 합니다. 그렇게 한참을 산란하는데 다가선 관찰자와의 거리는 불과 1미터도 채 안 됩니다. 물론 조심해서 천천히 움직이지만 그래도 낙엽, 풀, 나뭇가지 밝히는 소리도 나고 형체의 움직임도 발생합니다. 그러나 암컷은 전혀 괘념치 않고 산란에만 집중합니다.

꽤 오랜 시간이 지나자 이번에는 살짝 날아올라 근방에 오래전 넘어져 썩어가는 나무줄기에 앉습니다. 나무줄기에 살짝 이끼가 덮여 있는 것으로 보아 그 장소엔 습기가 잘 보존되는가 봅니다. 나무 위에서 암컷은 낡고 부서진 곳을 골라 산란판을 찌릅니다. 나무토막 전체 길이를 오르내리고, 또 윗면으로도 아랫면으로도 이동하며 골고루 열심히 산란합니다. 나무 밑동 쪽은 다른 나무와 얽히며 흙 속으로 박혀 있어 20여 센티미터 정도로 깊은데 그 어두운 곳까지 들어가며 산란합니다.

산란을 시작하고 꽤 오랜 시간이 지나 보는 사람도 지루할 정도입니다. 주변을 돌아보니 기존 수컷 두 마리 외에 또 한 마리의 수컷이 자리를 잡고 있네요. 그런데 이상한 것은, 이 암컷이 왔을 때는 물론 저리 긴 시간 산란을 이어가는데도 암컷에게 관심을 보이거나 다가서는 수컷이 없다는 것입니다. 보통 수컷의 대기 목적은 암컷을 만나는 것이고, 그래서 암컷이 나타나기만 하면 수컷은 바로 반응을 보이는데 말이지요. 이유를 찾아 머리를 굴려봅니다.

그러고 보니 이제껏 본 암컷들의 산란 과정에서 바닥에 앉아 산란을 시작한 암컷을 수컷이 채어가 짝짓기를 한 경우는 없었습니다. 암컷이 바닥에 앉아 산란을 시작한 경우 주변에 수컷이 있어도 덤벼들지 않았습니다. 수컷이 암컷에게 덤벼드는 경우는, 암컷이 산란장에 들어와 아직 앉지 않은 때와 산란을 끝내고 날아올랐을 때입니다. 이제야 또 하나의 사실이 정리됩니다. 본 종 수컷은 암컷이 산란을 하고 있는 동안에는 짝짓기를 시도하지 않습니다. 산란 전이나 후에 공중에서 결합이 이루어집니다.

〈그림 101〉 산란을 끝내고 나무에 앉은 암컷

11시 52분 드디어 산란이 끝났습니다. 암컷이 날아올라 바닥을 낮게 날며 서성이더니 필자의 앞까지 다가왔다가 옆의 키 작은 나무의 가지에 앉습니다. 산란 시간이 장장 1시간 반이나 되었네요. 앉아 있던 암컷은 잠시 후 다시 내려오더니 마치 2차 산란을 하듯 바닥에 앉았다 날곤 하네요. 그러면서 이곳저곳 옮겨 다니는데 그러나 이전 산란처럼 본격적으로 멈춰서 산란하지는 않습니다. 그러다 수컷들 근처까지도 갑니다만 역시 수컷들이 반응하지 않습니다. 잠시 후 암컷은 날아올라 멀리 가네요.

대기 중인 수컷 세 마리는 여전히 자리를 지키고 앉아 있습니다. 그러던 중 한 마리가 잠시 경계 비행을 하나 싶더니 필자에게로 다가와 장화에 앉겠다고 애를 씁니다. 미끄러져 실패를 두 번 하고 결국 앉네요. 핸드폰으로 찍어보려 살짝 움직이자 다시 날아가 자리로 돌아갑니다.

잠시 후 암컷이 또 나타났습니다. 그러자 이번엔 수컷들의 반응이 격렬합니다. 암컷이 자리를 잡기도 전에 두 마리 수컷이 함께 달려들어 쟁탈전을 벌입니다. 그러나 결국은 한 마리만 차지하게 될 수밖에 없지요. 짝지은 수컷이 암컷을 매달고 바깥쪽으로 날아 사라집니다.

12시가 가까운 시간이 되자 서식지로 들어오는 수컷들의 수가 증가합니다. 그래서 자주 다투고 쫓겨가고 하는 풍경이 펼쳐집니다. 오늘의 목적은 산란에 걸리는 시간을 관찰해 보는 것이었는데 결국 이루었습니다. 그리고 너무 덥습니다. 이쯤에서 철수하려고 그늘 밖으로 나오니 그야말로 불볕더위입니다. 너무 더워서인지 개방지에는 날고 있는 잠자리가 하나도 안 보입니다. 차에 시동을 걸고 바깥 온도를 보니 36도입니다.

6월 13일

아침 최저 20도, 낮 최고 27도(관찰지 차량 측정 30도)로 어제보다는 좀 누그러진 날씨입니다. 서식지 3에 8시 반쯤 도착했는데 먼저 도착해 있던 지인으로부터 7시 40~50분쯤 우화해서 날아오르는 개체를 보았다는 소식을 듣습니다. 우화는 이미 이전에 종료되었지만 아주 가끔 한두 마리씩 뒤늦게 우화하기도 하나 봅니다. 날아올랐다는 자리 근처에서 우화각을 열심히 찾아보았지만 찾을 수 없습니다.

오늘은 이상하게 개체 수가 좀 적네요. 활동하기에 날씨가 적합하지 않은가 봅니다. 수컷들이 자주 오던 맨 아래 산란장 묵논에도 보이지 않습니다. 대신 그 아래 개방 묵논 구석 그늘에 수컷 한 마리가 영역을 지키고 있습니다. 주차 후 걸어들어오던 골 입구 산길에 수컷 한 마리가 있었으니 지금 두 마리 정도밖에 보이지 않는 것입니다.

옆 골로 가봐야겠습니다. 가기 전의 사잇길에 있는 군 훈련장 공터에 들러봅니다. 오른쪽 구석과 왼쪽 산자락 구석에 수컷 한 마리씩 보이네요. 어쨌든 드문드문 수컷들의 영역 지키기는 진행되고 있습니다. 그리고 이제 산란지 주변을 넘어 인근 공터로도 활동 영역이 확대되고 있음이 보입니다.

옆 골 입구 연못 위 공터에는 아직 보이지 않습니다. 묵논 구석에는 수컷 한 마리가 보이네요. 산란지로 올라가 보니 없습니다. 대신 위쪽 물길 안의 억새밭에 수컷 한 마리 비행 중입니다. 산란지 풀대 위에는 삼지연북방잠자리 우화각이 하나 보이네요. 이곳은 물웅덩이가 없는 곳인데 대체 왜 여기서 우화했을까요. 이 녀석도 참 궁금한 녀석입니다.

개체 수만 확인하고 다시 주요 산란지 묵논으로 갑니다. 여전히 산란지 묵논에는 보이지 않지만 아래쪽 개방 묵논들과 옆 산길에는 수컷들이 점점 더 많이 보이기 시작합니다. 지인은 이곳 관찰을 계속 이어가기로 하고 필자는 서식지 1로 가려 합니다. 매일은 아니더라도 정확한 생태관찰을 위해서는 빼놓지 않고 지켜봐야 하기 때문입니다.

10시 가까이 서식지 1에 도착, 주차하고 막 물을 건너려는데 산측범잠자리 수컷 두 마리가 물가 자리를 놓고 다투고 있네요. 그러더니 한 녀석이 필자 가까이 날아와 1미터 안쪽의 거리 모래 위에 앉아 쉬네요. 원래 경계심이 좀 있는 편인데 이러는 게 재밌어서 일부러 쫓아봅니다. 휙 날아오르더니 가까운 곳을 한 바퀴 돌고 다시 날아와 앉습니다. 며칠 무더위로 애들도 움직임에 귀찮음이 생긴 걸까요, 아니면 필자의 인품이 좀 승격된 걸까요. 지켜보고 싶지만 일정을 미룰 수 없어 다음을 기약합니다.

산길에는 장수측범잠자리가 일찍 사냥을 나왔네요. 섭식 비행을 하는데 잠깐 날다 앉곤 합니다. 길게 날지 않고 주로 앉아 있는 대형 잠자리 위풍이 당당합니다. 곧이어 잔산잠자리도 한 개체 나타나 길을 오르내립니다. 대형종이라 그런지 장수잠자리처럼 필자의 몸 가까이 아무렇지 않게 스쳐 지나갑니다. 필자가 좀 왜소한 편이긴 한데 잔산잠자리 눈에는 한주먹 거리도 안 돼 보이는 걸까요.

산비탈로는 여기저기 요즘 나리꽃이 한창입니다. 매력적으로 만개한 붉은 꽃은 꽃말이 순수와 평범이라는데, 필자에겐 오히려 푸른 풀과 나뭇잎에 대비돼 불타는 듯한 정열로 몸을 떨고 있는 모습처럼 여겨집니다.

산길 옆 작은 못에는 먹줄왕잠자리가 열심히 가장자리 비행을 합니다. 가운데 억새밭 물길에는 중간밀잠자리가 산란을 하고 하늘엔 된장잠자리들이 어지러이 날고 있습니다. 노쇠해 가는 가시측범잠자리들은 바래가는 몸 색에도 불구하고 아직 힘 있는 비행을 해 도망칩니다. 언뜻 소나무 위에 검은 무엇이 나풀거리기에 살펴보니 나비잠자리군요. 산속에서 성숙하고 곧 연못으로 날아가겠지요.

계곡 물길이 많이 말랐습니다. 가뭄이 길 때입니다. 계곡 중간쯤의 보 넓은

〈그림 102〉 서식지 1 산길의 수컷

정수지도 그저 얇은 물줄기 같은 물길이 돼버렸네요. 정수지를 지나자 바로 산길에 수컷 한 마리가 보이네요. 올해 첫 활동 개체를 보았던 바로 그곳입니다. 서식지 3에서와 똑같은 행동입니다. 길 양쪽 억새 사이에서 길 위아래를 일정하게 오르내리는 중입니다. 이렇게 수컷들이 영역 활동을 하는 곳은 반드시 암컷이 오거나 지나가는 길목인데 이곳도 암컷이 나타나는가 봅니다.

중심 활동지를 향해 더 올라갑니다. 지난해 암컷이 산란하던 산길에 도착했습니다. 큰 차 바퀴 자국이 나 있네요. 올봄 산불 방지를 위한 것이라며 잡목 정리를 했다던데 그때 드나든 중장비 바퀴일 것입니다. 여하튼 올해 같은 자리에 산란하긴 글렀습니다. 그런데 아무리 다시 살펴봐도 다른 서식지 산란 장소와는 차이가 있습니다. 산길인 데다가 키 큰 나무로 전체적인 그늘이 지는 곳이 아니라 개방 형태의 공간이고 다만 길가 억새가 밀집한 덕에 약간의 그늘이 지는 정도입니다. 마땅한 장소가 없는 암컷이 어쩔 수 없이 선택한 곳이 아닐까 하는 생각으로 주변을 살피니 억새밭 물길 건너편 산자락 안쪽이 좀 넓은 공터처럼 보입니다. 거긴 큰 나무들로 그늘이 지는 곳이니 습지형이라면 가능성이 매우 클 것입니다. 머리까지 올라오는 억새 숲은 헤치며 어렵게 건너가 봅니다. 낙엽이 두껍게 깔려 있고, 인근에는 작은 물들도 고여 있어 나쁘지 않은 환경입니다. 나무들이 밀집한 것이 아니어서 적절한 정도의 그늘이 집니다. 여기 저기 기대를 한껏 품고 살폈지만 결국 한 마리도 보이지 않습니다. 서식지 1은 정말 짐작을 할 수가 없습니다. 대체 어디가 중심 산란지이고 우화하는 곳인지 전혀 감을 잡을 수가 없습니다.

〈그림 103〉 나무 그늘 안에서 쉬는 수컷

중심 활동지 입구에 벚나무와 참나무가 함께 서 있으면서 밑동 쪽에 작은 물웅덩이가 있습니다. 웅덩이 둘레는 억새로 둘러쳐져 있어 지난해엔 있는 줄도 모르는 곳이었습니다. 올봄 이 웅덩이 안에서 밑노란북방잠자리와 삼지연북방잠자리 유충들이 다수 나왔습니다. 혹시 이들의 우화각이 보일까 하고 접근하는데 그늘 속에서 수컷 한 마리가 쉬고 있다 날아오르네요. 그늘 밖으로 나가지 않으려 버티면서 벚나무 가지에 앉았다 억새 대에 앉았다 합니다. 웅덩이 주변에 우화각은 하나도 보이지 않습니다.

중심 활동지 산길엔 수컷 하나 열심히 영역을 지키며 오르내리고 있습니다. 아직 활동 개체가 많이 나오지 않나 봅니다. 좀 더 시간이 흘러야겠습니다. 다음에 다시 오기로 하고 그만 내려갑니다.

내려온 길에 산측범잠자리 산란지에 도달하자 나무 위에 앉아 있던 암컷 한 마리가 필자의 등장에 놀라 휙 날아가 버립니다. 이 종은 날아갔다가도 다시 돌아오는 종이므로 기다리고 있으면 산란을 관찰할 수 있을 것입니다만 일정이 있으니 그냥 지나치기로 합니다.

아까 먹줄왕잠자리가 가장자리를 돌던 못을 지나 굽이진 산길로 들어서니 수컷 한 마리가 또 보입니다. 오늘 이 서식지에서는 수컷만 네 마리를 만났군요. 암컷의 등장까지 보려면 며칠 더 걸려야 할 듯합니다.

서식지 3으로 돌아가 지인을 태우고 점심을 해결하러 갑니다. 어차피 지금부터 2시까지는 잠자리 활동이 저조한 시간이니까요. 자랑할 만한 콩국숫집이 있어 곱빼기로 배불리 먹고 돌아와 지인을 다시 서식지 3에 내려놓습니다.

다시 차를 몰아 이번엔 서식지 5에 들릅니다. 지난번 새로운 서식지로 추가되었습니다만 그날 본 것은 수컷 단 한 마리였을 뿐, 산란 장소나 우화 장소를 특정하지도 못한 곳이기에 좀 더 확실한 관찰이 필요하기 때문입니다.

도착하자마자 맨 위 묵논 구석에서 높게 날며 선회하는 삼지연북방잠자리 한 마리가 반겨줍니다. 일단 온 김에 꼬마잠자리의 안부도 확인해 봅니다. 꽤 여러 마리가 보이는군요. 안심입니다. 이제 폐가 주변을 샅샅이 들여다봅니다. 그늘진 나무 안쪽은 죄다 들여다봅니다. 위쪽 공터 습지 구석구석 다 찾아보았지만 없습니다. 아무리 둘러봐도 공터 습지 외엔 서식할 만한 장소가 없습니다. 바닥이 습기가 좋고, 잔풀들과 억새도 있고, 작은 웅덩이들이 여럿 패여 있어 그 안에 식물 마른 잎과 낙엽도 적절히 깔려 있습니다. 주변은 나무들이 둘러싸 그늘도 만들어 줍니다. 그런데 없습니다. 과연 이곳이 서식지가 맞는 걸까요. 그런데 분명 수컷 한 마리는 봤다는 거지요. 어쩌겠습니까. 아직 활동 종료 시기는 많이 남아 있으니 계속 확인해 볼 수밖에요.

서식지 3에 돌아오니 지인의 말이 별로 의미 있는 관찰을 할 수 없었다고 하네요. 여느 날과 달리 산란장 안으로 들어오는 수컷의 개체도 적고, 암컷 활동도 드물었다는 것입니다. 개방지 구석마다 수컷들이 있긴 하지만 역시 영역 지키기와 앉기만 반복할 뿐 별다른 활동이 없다는 것이지요. 그래서 함께 서식지 4로 이동하기로 합니다.

오후 3시 반쯤 도착해 주차 후 산길로 들어서니 바로 수컷 한 마리가 나무 그늘에서 영역 비행을 합니다. 서식 장소로부터 꽤 먼 거리인데 한참을 내려왔군요. 다른 서식지에 비해 이곳 개체들 활성도가 높은 것 같습니다. 중간 연못 아래로의 각 묵논들엔 열심히 섭식 비행 중인 삼지연북방잠자리가 한 마리씩 보이는군요. 이들의 활동도 이곳에선 본격 시기에 돌입한 듯합니다.

〈그림 104〉 골 웅덩이에서 영역 비행 하는 수컷

중심 산란장 숲 그늘로 들어가자 대기 중인 수컷 둘이 보입니다. 지인은 그곳에 자리를 잡고 필자는 위쪽 골짜기 작은 웅덩이로 갑니다. 웅덩이엔 여지없이 수컷 한 마리가 낮게 앉아 대기 중이군요. 웬만큼 가까이 가도 안 움직여 손을 내저어 쫓았더니 조금 높이 날아올라 정지 비행을 하다 이동하다 하더니 다시 바닥 자리에 앉습니다. 그때 다른 수컷이 날아들고 둘은 싸웁니다. 역시 이번에도 기득권을 보장받습니다. 그 후로 필자도 녀석도 서로 바라보고 앉아만 있습니다.

30여 분이 지나자 암컷 한 마리가 웅덩이로 들어섭니다. 전광석화(電光石火)란 말이 이런 걸까요. 수컷은 순식간에 날아 암컷의 머리를 챕니다. 긴 시간의 기다림만큼 각오도 대단했던 모양입니다. 그러곤 인근에서 빙빙 돌며 생식기 결속을 시도합니다. 그러더니 옆의 높은 소나무 꼭대기 가지에 앉습니다. 고개를 꺾고 올려다봐도 겨우 보일까 말까 합니다. 이럴 때 필요한 것이 초망원 줌의 콤팩트 카메라이지요. 얼른 줌을 당겨보니 수컷은 열심히 배에 힘을 주며 몸을 떨고 있습니다. 끝날 때까지 지켜보고는 싶으나 이미 시간은 오후 5시에 다가섭니다. 사진 몇 장 담고 아쉽게 돌아섭니다.

〈그림 105〉 소나무 높은 곳에 앉은 짝짓기 쌍

산란장의 지인도 암컷이 찾아들고 짝짓기 시도가 있었던 장면을 목격하였다고 합니다. 그러나 다른 수컷이 덤벼들면서 그 쌍은 그늘 속을 벗어나 바깥으로 달아났다며 아쉬워하고 있습니다. 오늘의 관찰을 종료하고 철수하기로 합니다.

산길을 걸어 내려오는데 묵논 쪽에서 뭔가 녹색이 강한 왕잠자리 종류가 휙 날아올라 소나무 가지에 앉습니다. 필자의 눈으로는 그냥 왕잠자리라 생각되는데 지인은 고개를 갸웃하며 혹시 긴무늬왕잠자리가 아닐까 합니다. 그러더니 필자의 초망원 카메라로 당겨보고는 맞다고 탄성을 지릅니다. 이제까지 이 지역에서 긴무늬왕잠자리는 발견하지 못하고 있었기 때문입니다. 필자도 얼른 들여다보니 얼굴부터 배 아랫면까지 녹색이 찬란한 긴무늬왕잠자리입니다. 뜻밖의 행운을 덤으로 얻고 돌아옵니다.

6월 14일

아침 최저 20도, 낮 최고 26도(관찰지 차량 측정 32도)의 날씨입니다. 아침이 무척 선선하게 느껴집니다. 어제 관찰 실패한 서식지 5로 다시 갑니다.

아침 8시에 풀들은 아직 이슬을 입고 있습니다. 묵논에 배치레잠자리들이 여기 앉아 있는 것 외에는 잠자리 활동이 보이지 않습니다. 꼬마잠자리 수컷 네 마리가 서로 가까운 거리를 두고 골풀 끝에 핀 꽃처럼 가만히 앉아 있네요. 아침이라 그런지 움직임도 없이 그 자리에 가만히 있기만 합니다. 키 큰 골풀보다 낮은 골풀을 선호합니다. 몸을 더 은닉하기 위함이겠죠. 암컷은 보이지 않는데 이리저리 꽤 오래 눈을 부라린 결과 딱 한 마리가 띄는군요. 어제는 오후에 여럿이 보였는데 오늘은 많지 않은 수네요. 시간이 지나면 다시 여럿이 나타나겠죠.

햇살이 좀 더 들고 산그림자가 약해지자 여기저기 넉점박이잠자리들이 활개를 치기 시작합니다. 꼬마잠자리들이 앉아 있는 곳 위로 배치레잠자리들과 넉점박이잠자리들이 수시로 왔다 갔다 하네요. 이들은 꼬마잠자리에게 위협적이지 않은 듯합니다. 가까운 곳에 앉기도 하는데 별로 관심을 두지 않고, 꼬마잠자리도 피하지 않고 비행도 하니까요. 어쩌면 이들이 있어 다행이란 생각이 듭니다. 이 부산스러운 개체들로 인해 큰밀잠자리의 접근이 어느 정도 방지되는 듯합니다. 큰밀잠자리가 접근하면 꼬마잠자리는 식사용이 될 테니까요.

맨 위 묵논 구석에는 어제의 삼지연북방잠자리가 오늘도 변함없이 영역 돌기를 하고 있습니다. 9시가 조금 넘어가고 이슬이 어느 정도 마른 것 같으니 수컷을 발견한 그 자리로 가봐야겠습니다.

아직 보이지 않습니다. 어제와 마찬가지로 주변 일대를 샅샅이 들여다봅니다. 여기저기 폐기물이 참 많습니다. 플라스틱 통들, 폐타이어, 빈 캔들, 비닐들 이것저것 다양하게 주변에 널려 있습니다. 산 밑으로 위쪽 습지에서 내려오는 작은 물길 자리가 있어 살펴보니 물은 다 마른 상태인데 버드나무 한 그루가 넓게 가지를 드리운 곳에 움푹한 곳이 있습니다. 물기가 조금 있고 나무 잔가지들도 쌓여 있습니다. 서식지 5의 골 웅덩이와 매우 유사한 환경입니다. 반드시 암컷이 와야 할 자리라고 생각되어 기다려 보기로 합니다. 30여 분을 기다렸지만 그림자도 보이지 않습니다.

다시 주변을 더 살피고 다녀도 한 개체도 볼 수 없습니다. 점점 더 서식지가 맞을지 의문이 듭니다. 원래는 서식지였으나 건물이 들어서면서 파괴되었던 것일까, 주변의 수많은 폐기물들로 서식지 기능이 파괴되어 가는 것일까, 별별 가정만 머릿속에 들어옵니다. 어쩌면 위쪽에 최근 들어선 또 하나의 민가 때문에 서식지 이동을 한 것일까 하는 생각도 듭니다. 답답합니다. 분명 수컷 한 개체를 보았으니 서식지라 할 것이나 그 개체마저도 더 이상 볼 수 없으니 말입니다. 어쩌겠습니까, 좀 더 시간을 두고 계속 살펴보는 수밖에요. 철수하고 서식지 4로 이동합니다.

11시가 넘어 도착해서 주차하고 산길로 접어드니 어제 수컷 한 마리가 놀던 자리에 오늘은 삼지연북방잠자리가 놀고 있네요. 묵논들에는 여전히 배치레잠자리들과 넉점박이잠자리들이 아우성입니다. 중간 연못 아래 묵논에는 삼지연북방잠자리가 비행하고 있고 맨 위 묵논에도 있습니다. 중간 연못에는 말굽 자국 찍힌 것처럼 수면에 떠 있는 작은 잎들 사이로 각시수련 하얀 꽃잎이 벌어져 있고 그 위로 먹줄왕잠자리들이 오갑니다.

산란장 숲 안으로 들어서자 대기 중이던 수컷 두 마리가 동시에 떠오릅니다. 그러더니 또 격렬한 싸움을 벌이고 한 마리는 결국 쫓겨나고 맙니다. 경쟁자를 물리친 수컷은 잠시 필자에게로 다가와 살피고는 앉던 자리에 가서 앉습니다. 이 자리에서는 암컷의 긴 산란 시간, 짝짓기 시작과 종료의 경과 시간까지 확인하였으므로 단지 지속적인 생태 활동이 진행 중인가만 확인하면 됩니다. 오늘은 골 웅덩이에서 자리를 지키고 기다려 볼 생각입니다. 그곳은 바닥에 약간의 물기가 있어 다른 산란장들의 환경과는 다르기 때문입니다.

생각해 보면 이 골 웅덩이는 지금까지의 서식지 산란 장소들과는 다른 특이한 경우입니다. 우선, 개방형 공간이란 점인데 주변이 억새 같은 풀로 가려져

〈그림 106〉 골 웅덩이 전경

〈그림 107〉 골 웅덩이

있지도 않고 큰 나무들이 위를 덮어 빛을 차단하는 환경도 아닙니다. 거리가 좀 있는 주변의 나무들 그림자로 약하게 그늘이 지는 정도가 되겠습니다.

다음은, 아주 작은 웅덩이임에도 안쪽에 물기가 비칩니다. 자체 용천수가 약하게 발생하는 것으로 보이는데 그래서 둘레로는 썩은 나무둥치나 뿌리에 이끼가 덮여 있습니다. 셋째로는 바닥에 활엽수 낙엽이 아닌 솔잎 낙엽들이 깔려 있고 나무의 잔가지들 잔해가 섞여 있습니다. 이런 환경은 지금까지의 서식지 산란 장소에서는 본 적 없는 경우입니다. 이곳에도 분명 암컷이 드나드니 산란은 할 것이고, 산란을 한다면 어떤 곳에 할지 궁금합니다.

〈그림 108〉 새로 웅덩이를 차지한 수컷

〈그림 109〉 자리를 지키는 수컷

웅덩이에 도착하니 대기 중이던 수컷이 날아올라 필자 가까이 다가옵니다. 그러더니 날갯소리를 붕붕 크게 하고 돌아가 다시 앉습니다. 인사는 아닐 테고 아마 경고 내지는 협박의 소리인 듯합니다. 조금 있으니 다른 수컷 한 마리가 접근하고 어김없이 싸움이 벌어집니다. 보통의 경우보다 이번에는 꽤 길게 싸우더니 일단 기득권을 지킵니다. 그런데 새 방문자는 물러가지 않고 다시 돌아와 재도전합니다. 그사이 와신상담(臥薪嘗膽)한 것일까요. 이번에는 새 방문자의 승리입니다. 기득권을 지키려던 수컷은 싸움으로 어딘가를 다친 모양입니다. 비틀거리며 땅으로 내려오더니 풀 위에서 퍼덕입니다. 필자가 살펴보기 위해 손을 뻗어 잡으려 하자 그래도 온 힘을 다해 날아올라 멀리 갑니다. 떠날 때를 알고 떠나는 것이 아니니 뒷모습이 아름다울 수는 없습니다. 새 방문자는 행동이 좀 다릅니다. 기존 수컷이 겁 없이 마구 설치는 모습이었다면 이 새 수컷은 매우 신중하게 행동하네요. 여기저기 살피고 아주 느리고 조심스럽게 비행을 합니다. 새 입주자가 자신의 자리를 정하고 앉습니다.

앉아 있는 수컷을 앞에 두고 우두커니 앉아 있자니 심심합니다. 긴 풀대를 하나 골라 꺾어 앉아 있는 수컷 주변에 흔들어 봅니다. 당연히 놀라 떠오른 수컷은 필자를 바라보며 정지 비행을 하다 다시 또 자리에 앉습니다. 재차 또 장난을 겁니다. 또 떠올라 이리저리 방향을 바꾸며 정지 비행을 하다 다시 앉습니다. 또

〈그림 110〉 놀라서 나무 위로 올라간 암컷

괴롭힙니다. 이번엔 귀찮아졌는지 날아올라 멀리 가버리네요. 웅덩이가 텅 비어버렸습니다.

이 틈에 다시 산란장 상황을 보러 갑니다. 숲으로 내려 들어서니 암컷 한 마리가 산란하다가 필자의 발소리에 놀라 떠오르더니 나무 위 가지에 앉습니다. 지난해 서식지 3에서도 비슷한 경험을 했는데, 암컷

은 산란 중 놀라면 날아올라 일단 가까운 곳 나무에 앉습니다. 그러더니 조금 후에 멀리 날아가 버립니다. 주변에 수컷은 하나도 보이지 않는군요. 아마 수 컷이 없는 이 틈을 노리고 들어온 암컷인가 봅니다.

다시 골 웅덩이로 돌아와 보니 수컷 한 마리가 또 자리를 잡고 앉아 있네요. 20여 분이 지나니 새로운 수컷이 또 방문합니다. 앉아 있는 필자의 머리 위를 날갯소리 우렁차게 넘어 들어오네요. 당연히 싸움은 벌어지고 기득권이 지켜 집니다. 다시 또 20여 분이 지나니 또 수컷이 찾아듭니다. 기존 수컷은 앉아 있 던 곳에서 떨어지며 일단 바닥에 거의 닿을 듯한 높이로 낮게 조용히 정지 비 행을 합니다. 그러면서 새 수컷의 동선을 노려보다가 갑자기 휙 떠오르며 공격 을 가합니다. 새 수컷은 일단 후퇴합니다만 곧 다시 돌아와 재도전하지만 다시 쫓겨납니다. 다시 또 정적이 흐릅니다.

이번엔 20여 분이 지났는데도 새 수컷이 나타나지 않습니다. 특별한 일 없 이 수컷들의 왕래와 싸움만 보고 있자니 무료함이 밀려들기 시작합니다. 짓궂 은 생각이 스멀스멀 밀려옵니다. 작은 나뭇조각을 집어 수컷을 향해 던집니 다. 전혀 의도하지 않았는데 그만 명중이 되고 말았습니다. 나뭇조각과 수컷 은 한 덩어리로 풀 아래 땅바닥에 떨어집니다. 많이 놀란 수컷은 공중으로 높 게 날아오르더니 다시 내려와 옆 공터를 한 바퀴 돕니다. 그러더니 다시 웅덩 이 안으로 돌아와서는 아무 일도 없었다는 듯 자리를 잡고 앉습니다. 미안한 마음보다는 의도치 않은 명중과 놀란 수컷의 당황 모습에 혼자 정말 많이 웃습 니다. 조금 있으니 수컷 한 마리가 또 찾아들었다 쫓겨납니다. 또다시 20여 분 이 지나니 이번엔 수컷이 두 마리가 한꺼번에 찾아듭니다. 이번 싸움은 3개체 의 난투극입니다. 그런데 어떤 작전을 펼쳤는지 두 수컷을 모두 물리치고 기존 수컷이 기득권을 사수합니다. 이 웅덩이에는 거의 20~30분 간격으로 다른 수컷이 방문하네요.

그런데 수컷들이 웅덩이를 찾아오는 모습은 참 신기합니다. 필자가 앉은 자리에서 앞을 바라보면 웅덩이 위쪽의 약간 넓은 공터가 보입니다. 예전에는 나무가 많이 우거졌었으나 본데 언제인가 잡목을 정리하고 죽은 나무들은 베어 쓰러뜨려 훤한 공터가 된 것이지요. 수컷들은 일단 그 공터에 와서 이끼 낀 나무들을 훑어봅니다. 그리곤 마치 기억해 둔 곳을 찾아오듯 바로 웅덩이로 날아옵니다. 사실 그 공터에서 보면 웅덩이는 사이에 있는 키 큰 풀과 작은 잡목들로 약간 가려져 쉽게 보이진 않거든요. 정말 한 번 왔었고 그걸 기억해 두고 오는 것인지, 아니면 선천적으로 유전자에 웅덩이 위치 정보가 각인되어 있는 것인지 궁금할 따름입니다.

오후 2시 반이 넘자 모기가 덤벼들기 시작합니다. 땀으로 젖은 몸의 향기(?)가 더 모기를 불러들이는 듯합니다. 눈에 겨우 보일만 한 아주 작은 모기인데도 그 물림의 고통은 형언할 수 없습니다. 그런데 모기도 생각이 돌아가는지 꼭 눈길도 손길도 닿지 않는 등 쪽을 뭅니다. 정말 지구의 생명체 중에 모기만은 사랑하고 싶지 않습니다. 결국 모기로 인해 웅덩이의 암컷 산란은 다음으로 미루기로 하고 퇴장해 산란장으로 갑니다. 관찰 종료 전에 한 번 더 보고 가려 합니다.

산란장 안으로 들어서니 대기 중이던 수컷 한 마리가 바로 달아나 버립니다. 그런데 바로 이때를 이어 등 뒤 나무에서 암컷이 날아내립니다. 아마 수컷을 경계하며 나무 위에서 기다리고 있었던 모양입니다. 그리곤 산란을 시작합니다. 비교적 예민한 암컷인지 필자의 작은 움직임에도 바로 장소를 바꿉니다. 그런데 지

〈그림 111〉 썩은 나무에 산란하는 암컷

난번 산란 관찰 때와 마찬가지로 이 서식지 산란장에서 암컷들은 낙엽 깔린 곳보다 주로 썩고 이끼 낀 나무 토막에 산란합니다. 이리저리 장소를 옮겨 다녀도 꼭 나무토막을 찾아 앉습니다. 암컷이 가장 선호하는 대상이 나무토막이라 여겨집니다.

종료 시까지 산란을 지켜보고 싶은데, 이 산란장은 나뭇가지들과 무성한 잎들로 은폐된 동굴 같은 모습이라 골 웅덩이보다 더 모기가 극성입니다. 기피제를 챙겨오지 않는 후회가 밀물처럼 밀려옵니다. 어쩔 수 없이 오늘은 여기서 종료하게 됩니다.

6월 16일

아침 최저 19도, 낮 최고 27도(관찰지 차량 측정 32도)의 날씨입니다. 어제는 소나기처럼 비가 제법 내렸는데요, 그러나 땅에는 별로 고인 물이 없습니다. 오랜 가뭄에 그 정도의 비로는 어림없나 봅니다. 햇볕은 오늘도 따갑고 가뭄은 여전합니다. 중부지방은 6월 말부터 장마가 시작된다니 당분간은 더 마르겠습니다.

시간은 벌써 6월 중순을 넘어서네요. 지난해에는 7월 들어서면서 본 종은 더 이상 볼 수 없었습니다. 올해도 그러하다면 이제 보름 후면 관찰도 종료되겠네요.

11시 가까워 서식지 3에 도착합니다. 우선 주차한 곳 위의 군 훈련장 주변 풀밭 공간을 살펴봅니다. 지난해 활동 절정기에는 이런 인근 풀밭 위를 나는 수컷들을 자주 볼 수 있었기 때문입니다. 그러나 오늘은 보이지 않는군요. 어쩌면 요즘 대부분의 수컷들이 그러하듯 너무 뜨거운 햇볕 때문에 어느 구석 그늘 안에 낮게 앉아 있을지 모릅니다. 올해는 지난해 6월보다 더 덥습니다. 어젯밤 본 지역의 지난해와 올해의 기상청 기온 데이터를 비교해 봤습니다.

온도	연도	날짜						
		6. 10.	6. 11.	6. 12.	6. 13.	6. 14.	6. 15.	6. 16.
최저	2023	16	16	17	16	14	17	16
	2024	20	19	22	20	20	20	19
최고	2023	23	22	22	24	23	23	29
	2024	28	30	34	27	26	26	27

https://www.kma.go.kr/w/obs-climate/land/past-obs/obs-by-day.do?stn=90&yy=2024&mm=6&obs=1

〈표 1〉

훨씬 더워졌다는 것을 알 수 있습니다. 기상청 데이터는 지역 평균치이니 올해 6월은 평지 실제 온도가 대부분 30도 이상입니다.

11시쯤 묵논 옆 산길에서 수컷 한 마리가 영역 비행 중이네요. 그러다 더위에 지친 듯 아주 느리고 천천히 날아 묵논 안 구석의 그늘로 갑니다. 맨 아래 묵논 그 아래에는 키 높이의 억새로 덮인 습지에 가까운 묵논이 셋 있는데 안쪽에 울창한 버드나무 숲이 있습니다. 그늘이 넓으니 여기도 수컷들이 몇 들어와 있습니다. 인기척에 놀라 날아오르지만 다들 햇빛 속으로는 절대 나가지 않습니다. 안쪽 풀밭에는 우화한 삼지연북방잠자리 암컷이 필자에게 놀라 나무

<그림 112> 버드나무 숲속의 수컷

위 가지로 날아 올라가 앉습니다. 인근 바닥 풀잎 끝에는 갓 우화한 삼지연북방잠자리 암컷이 우화각을 잡고 매달려 있네요. 주변을 돌아보니 몇 개의 우화각이 더 있습니다. 이곳에서 삼지연북방잠자리의 산란과 우화가 많이 일어나나 봅니다.

습지에서 벗어나 산란장을 향해 묵논들을 거쳐 올라가며 보니 각 논들 구석 그늘마다 수컷들 한 마리씩은 다 있네요. 그러니 개방 공간에서 날고 있는 개체는 한 마리도 안 보입니다. 정작 3곳의 산란장 묵논 안에는 대기하는 수컷이 하나도 안 보입니다. 암컷이 올 가능성이 없다는 거겠죠. 산란장 바닥에 물기라곤 보이지 않고 바싹 말라 있습니다.

12시 가까워 옆 골로 가봅니다. 산란장 풀밭에 수컷 하나 대기 중이군요. 맨 위 웅덩이로 올라가니 물은 손바닥만큼 고여 있고 온통 질척한 진흙만 남아 있습니다. 역시 수컷 하나 대기하고 있네요. 가자마자 삼지연북방잠자리 암컷이 날아들어 산란을 시도합니다. 진흙 위에서 한두 번 배를 두드리는데 여간해서는 볼 수 없다는 삼지연북방잠자리의 산란이 눈앞에서 펼쳐질 찰나이니 가슴이 긴장감으로 조여옵니다. 하지만 대기 중이던 본 종 수컷이 그냥 있겠습니까. 바로 달려들어 쫓아내고 맙니다. 어찌나 속상한지요. 그러더니 웬일인지 수컷이 휙 밖으로 날아가 버리네요. 뒤이어 삼지연북방잠자리 암컷이 바로 안으로 날아들어 옵니다. 그러고는 마구 산란을 해댑니다. 이리저리 분주히 움직이며 축축한 진흙에 배 끝을 내리칩니다. 주변에 약간의 물이 고인 곳도 있지만, 물에는 하지 않고 흙에다만 하네요. 행운을 만났습니다. 베일에 싸여 있던 삼지연북방잠자리의 산란 행태를 알게 되었습니다. 더불어 본 종과 삼지연북방잠자리가 왜 자주 한 서식지에서 동시에 보이는지 이해하게 됩니다. 산란의 환경이 대동소이(大同小異)하기 때문이지요.

본 종은 물이 거의 없는, 그러나 습기가 촉촉한 흙이 바닥을 형성한 곳에서 산란을 합니다. 삼지연북방잠자리는 바닥이 잠길 듯 말 듯 한 정도의 물이 괸 곳, 또는 질척한 진흙에 산란합니다. 이 두 경우의 환경은 서로 인접한 경우가 많습니다. 다시 말해서, 적은 양의 용천수가 발생하는 환경하에서 주변에는 얕은 물이 고이고 작게 파인 웅덩이들이 흔히 보이며 그런 웅덩이 주변으로는 질척한 진흙이 펼쳐진 곳이 있기 마련입니다. 그리고 거기서 좀 더 외곽으로 진행하면 물은 보이지 않아도 습기를 많이 간직한 바닥 흙이 깔린 공간들이 있기에 십상입니다. 그런 이유로 삼지연북방잠자리가 산란하는 곳에 본 종 수컷이 암컷을 기다리며 대기하고 있는 풍경이 가능한 것입니다.

삼지연북방잠자리 암컷은 그리 오래 산란하지 않고 자리를 떠납니다. 5분여 시간 동안 산란하다 떠났지만 그늘 속 환경에다 너무 분주한 움직임 때문에 제대로 사진에 담기도 어렵습니다. 잠시 후 웅덩이 주변은 큰밀잠자리 수컷이 가끔 안쪽을 둘러보고 가는 것 외엔 적막이 흐릅니다.

30여 분이 지났을까요, 본 종 수컷이 들어옵니다. 큰밀잠자리를 발견하곤 마구 혼내서 쫓아버리고 자리를 잡아 앉습니다. 정오의 햇살이 머리 위에서 바로 내리꽂히고 있습니다. 그늘 안까지 훤해집니다. 그 때문일까요. 수컷은 10

여 분 앉아 있더니 날아서 다른 곳으로 가버립니다. 다시 30여 분이 지나도록 본 종 암컷도 수컷도 나타나지 않는데 햇볕이 괴롭습니다. 그래서 다시 주 서식장으로 가보려 합니다.

옆 골을 나오며 보니 산란장 풀밭의 늙은 수컷은 아직도 그대로 그 자리에 앉아 있고, 묵논에는 젊은 수컷이 그늘 안쪽에서 영역 비행 중입니다. 서식지 3을 통틀어 현재 비행을 하고 있는 것은 젊은 수컷 이 녀석 딱 한 마리입니다.

주 서식장 아래쪽 버드나무 숲 습지는 무성한 나뭇가지 덕으로 다른 곳보다 그늘이 짙고 깊습니다. 여전히 몇 마리 수컷들이 보이는데 갑자기 발밑에서 후루룩하고 암컷 한 마리가 날아갑니다. 산란 중에 필자의 등장으로 방해를 받은 것입니다. 잠시 바로 옆 나뭇가지에 앉았다가 조금 떨어진 풀숲으로 들어갑니다. 마저 산란하기 위함이겠지요. 주변에 수컷들이 몇 있었는데 용케 눈에 띄지 않았군요. 아니면 더위에 지친 수컷들이 별 의욕이 없었는지도 모르겠습니다. 종종 더운 한낮에는 주변에서 암컷이 산란을 해도 관심을 보이지 않는 수컷이 목격되곤 했으니 말입니다.

위쪽으로 올라가 보니 산란장 묵논들에는 아까와는 달리 수컷들이 대기하고 있습니다. 이제 시간은 오후 3시를 넘어가고 있습니다. 다시 옆 골 상황을 보고 서식지 3의 관찰을 종료할까 합니다.

옆 골 산란장 풀밭의 늙은 수컷은 아직도 그대로군요. 가장 이른 시기 우화한 개체라면 한 달 정도의 생애일 텐데 배 윗면이 벌겋게 헐었습니다. 그 늙은 몸으로도 암컷을 기다리며 더위를 참고 있다니 안쓰러워집니다. 가까이 다가가니 날아올라 필자에게 다가옵니다. 발 앞 풀에 앉는가 싶더니 또 움직여 바지에 붙습니다. 뭔가 호소하는 듯한 표정이지만 필자가 뭘 해 줄 수 있는 게 없군요. 다리를 움직이니 날아서 그동안 앉아 있던 곳으로 다시 갑니다. 맨 위 웅덩이에 들러보니 수컷도 없고 삼지연북방잠자리 암컷도 없이 고요합니다. 철수합니다.

〈그림 113〉 필자 발 앞 풀에 앉는 수컷

〈그림 114〉 필자의 바지에 앉는 수컷

오후 4시를 넘은 시간이지만 귀가하는 길에 지나는 곳인 서식지 5에 잠깐 들러보기로 합니다. 묵논에는 꼬마잠자리가 4~5마리 보이는데 주변에 큰밀잠자리 세 마리가 앉아 있군요. 넉점박이잠자리가 큰밀잠자리를 쫓아내려 애쓰고 있습니다만 역부족인 듯합니다. 서식 장소에 가보니 수컷 한 마리가 자리를 지키고 있습니다. 혹시나 하고 암컷도 오기를 기다려 보는데 다른 수컷 한 마리가 방문하네요. 역시 격투가 벌어지고 방문자는 그대로 쫓겨나고 맙니다. 그 이후로 계속 자리를 지키는 수컷 외엔 아무 상황 변화가 없습니다. 그렇게 긴 기다림으로 하루의 마지막 시간을 보내고 있는 고독한 수컷을 뒤로하고 귀가합니다.

〈그림 115~116〉 서식지 5 수컷

6월 17일

아침 최저 22도, 낮 최고 34도(차량 측정 관찰지 36도)의 매우 뜨거운 날입니다. 게다가 오늘은 센 바람이 간헐적으로 부는 날이기도 합니다.

8시 10분쯤 서식지 3에 도착하니 벌써 공기가 후끈합니다. 주 산란지 옆 골에 먼저 들러봅니다. 이쯤이면 보여야 할 삼지연북방잠자리가 다른 서식지들에서는 보이는데 이곳에서는 안 보여 안절부절못하고 있거든요. 혹시라도 유충 관찰 목적으로 몇 번 드나든 것의 영향인가 싶어서 말이죠. 요 며칠 우화각들은 몇 보았는데 활동하는 개체는 없으니 참 이상하다고 생각하고 있습니다. 산 밑 웅덩이에 오늘도 우화각 하나가 또 보입니다만 역시 활동하는 개체는 볼 수 없네요. 가뭄으로 웅덩이는 거의 말라 약간의 물기만 보일 뿐입니다.

바로 옆의 개구리가 많은 웅덩이로 가봅니다. 여기는 원래 물이 꽤 많은 곳인데 역시 거의 말라버렸네요. 본 종에게는 오히려 습기만 남은 흙바닥이 더 좋은 환경이지요. 그래서인지 수컷 한 마리가 자리를 잡고 암컷을 기다리고 있네요.

〈그림 117〉 개구리 못의 수컷

〈그림 118〉 맨 위 웅덩이의 수컷

조금 위쪽의 웅덩이로도 가봅니다. 여기라고 물이 있을 리 없지요. 어제보다 더 말랐습니다. 수컷 한 마리가 대기하고 있다가 필자가 등장하자 날아오릅니다. 그러더니 자리를 잡고 앉은 필자의 얼굴 앞까지 다가와서는 붕붕 위협의 날갯소리 몇 번 내고는 다시 가서 앉습니다. 조금 후 큰밀잠자리 수컷 한 마리가 근처에 자리 잡습니다. 수컷은 별로 경계하지 않고 있다가 가까이 다가오자 바로 공격에 들어가 사납게 싸워 물리칩니다.

곧이어 다른 수컷이 방문합니다. 언제나 그렇듯 격렬한 싸움이 벌어지고 기존의 수컷 승입니다. 10여 분 후 또 다른 수컷이 날아듭니다. 역시 맹공으로 퇴치하고 자리에 앉습니다. 본 종 수컷은 이렇게 비행보다 앉아 대기하는 시간이 더 많습니다. 비행하는 경우는, 다른 수컷이 영역 안으로 들어왔을 때, 암컷이 나타났을 때, 다른 곤충(타 종의 잠자리, 벌, 나비, 나방 등)이 들어왔을 때, 섭식용 작은 벌레들이 얼씬거릴 때뿐입니다.

다른 수컷이 쫓겨간 후 30여 분이 지나자 또 다른 수컷이 찾아듭니다. 이번엔 입구에 들어서기 바쁘게 쫓겨납니다. 곧이어 큰밀잠자리 암컷이 날아들자 큰밀잠자리 수컷이 뒤따릅니다. 수컷은 이 둘을 각각 공격하여 쫓아냅니다. 암컷을 기다리는 동안 영역을 지키기 위해 나름 꽤 바쁘고 험한 시간을 보내야 합니다.

이번에는 삼지연북방잠자리 암컷이 들어옵니다. 또 한 번 보기 어려운 삼지연북방잠자리 산란을 볼 기회인가보다 하고 가슴이 두근거리는데 여지없이 본 종 수컷이 달려들어 쫓아내고 맙니다. 곁에서 어정거리던 큰밀잠자리 수컷도 머리를 쪼아 땅바닥에 꽂아버립니다. 맹공을 하는 수컷의 모습에 문득 예전에 보았던 영화의 주인공 모습이 생각납니다. 브래드 피트 주연의 '트로이'라는 영화에서 아킬레스는 작은 몸집으로 거구의 적을 향해 빠른 질주로 달려들다가 공중으로 치솟으며 단칼에 칼을 꽂아버립니다. 수컷에게서 그 아킬레스가 연상된다면 너무 무리일까요. 큰밀잠자리 수컷은 잠깐 넋을 잃은 듯 바닥에 가만히 있다가 날아가 버립니다.

10여 분 후 삼지연북방잠자리 암컷이 다시 찾아왔습니다만 역시 또 쫓겨납니다. 본 종 수컷 때문에 삼지연북방잠자리 산란 관찰은 어려울 듯합니다. 삼지연북방잠자리는 9월까지 활동하니 본 종이 사라지고 나면 본격적인 관찰을 해야겠다는 생각을 합니다.

이동해 보니 맨 아래 습지 버드나무 숲엔 어김없이 수컷들이 보입니다. 요즘

〈그림 119〉 버드나무 숲 안에서 필자를 보고 날아오른 수컷

들어 가장 인기 있는 공간인 듯합니다. 위쪽 개방지 묵논들에도 구석 그늘마다 수컷들이 대기 중인 것은 언제나 한결같습니다. 산란장 묵논들에도 수컷들이 앉아 있고, 맨 위 산란장 묵논에는 두 마리가 거리를 두고 앉아 있습니다. 이 묵논은 가장 물기가 많은 곳으로, 위쪽에서 내리 스며드는 용천수 외에 자체 용천수가 발생하는 구석이 또 있기 때문입니다.

시간은 10시 반이 지나고 있습니다. 습지 쪽에는 삼지연북방잠자리 우화각이 또 새롭게 나타났네요. 계속 날마다 우화하고 있습니다. 지금 시간대에 수컷들이 가장 많이 이곳에 나타납니다. 습지 3곳에 다섯 마리의 수컷이 보이네요. 방금 풀 더미 속에서 암컷 한 마리가 날아올랐습니다. 필자의 인기척으로 또 산란에 방해를 받은 것입니다. 풀 더미 속에 가려진 암컷은 발견하기가 어려우니 본의 아니게 자주 이렇게 훼방을 놓게 되네요. 습지라지만 바닥에 물은 없습니다. 그저 부분적으로 질척한 진흙이 있을 뿐 전체적으로는 풀 무더기 사이로 습기가 조금 있는 벌건 황토 진흙만 널려 있습니다. 햇볕이 본격적으로 뜨거워지기 시작하니 산길에서 비행하는 수컷은 보이지 않네요.

다시 옆 골 맨 위 웅덩이로 이동합니다. 아래쪽 개구리가 많은 웅덩이에는 수컷 하나가 대기하는데 이 웅덩이에서는 수컷이 사라졌습니다. 혹시 암컷이 왔었을지 모르겠지만 어쨌든 비어 있는 웅덩이에 큰밀잠자리는 언제나처럼 여전히 버티고 있습니다. 바람은 강약을 반복하며 머리칼을 흩어놓는데 애꿎은 큰밀잠자리나 골려줄 생각입니다. 어쩌면 이 녀석도 본 종 암컷에게든 삼지연북방잠자리 암컷에게든 방해가 될지 모르니까요. 긴 억새 대를 꺾어 날아드는 녀석을 향해 휘두릅니다. 그러면 밖으로 쫓겨가지만 1분도 안 돼 다시 들어옵니다. 또 휘두르면 이번엔 필자의 등 뒤에 있는 바깥 나뭇가지에 날아가 앉습니다. 그러다 또 금방 들어옵니다. 그렇게 싸우기를 30여 분 끝에 필자의 승리인 듯 멀리 날아갑니다. 그러나 5분도 안 돼 또 들어옵니다. 결국 필자가 항복하기로 합니다. 12시 반이 넘자 온도계가 35도를 표시합니다.

서식지 3을 떠나 다른 곳으로 이동하려고 생각해 보니 서식지 1의 땡볕 아래에서 산길을 오래 걸을 생각을 하면 엄두가 나지 않습니다. 서식지 5로 가봐야겠습니다. 가지가 부러질 것처럼 달린, 피처럼 빨갛게 익은 보리수로 목도 좀 축여야겠거든요.

오후 2시가 다 돼서 도착한 서식지 5의 맨 위 묵논에는 오늘도 변함없이 삼지연북방잠자리 수컷 한 마리가 선회 비행 중입니다. 폐가 마당에는 장수측범잠자리가 우람한 몸집을 뽐내며 앉아 있네요. 바로 수컷 대기 장소 웅덩이로 가봅니다.

조심스럽지 못하게 발소리를 너무 크게 냈나 봅니다. 아니, 암컷이 산란하리란 기대를 전혀 안 하고 접근했다고 봐야겠죠. 당연히 수컷 하나 앉아 있으리라 생각하고 저벅저벅 걸어 들어가니 암컷이 산란하다 놀라서 날아오르네요. 그 옆쪽에서 수컷이 덩달아 날아오릅니다. 암컷은 천천히 낮은 비행으로 바깥 풀밭을 거쳐 사라지고, 내가 왜 몰랐지 하는 표정으로 수컷도 암컷의 뒤를 쫓아 사라집니다. 웅덩이 안은 적막해졌습니다. 다시 오겠지 하는 기대로 자리를 잡고 앉습니다. 필자도 수컷처럼 암컷을 기다리는 신세가 되었네요.

지금까지 관찰한 결과로 보면 수컷의 하루는, 아니 일생은 기다리는 일뿐인 듯합니다. 먹고 싸는 일은 기다림의 액세서리 정도일 뿐, 아침부터 저녁까지, 그렇게 성충으로 태어나 사라질 때까지, 암컷이 나타나기 좋은 곳에 자리를 잡고 마냥 기다리는 일로 시간을 보냅니다. 심지어 그렇게 기다려 짝짓기에 성공했더라도 끝나면 다시 돌아와 자리를 잡고 또 기다립니다. 입질 한 번 못 받고 꼴딱 밤을 새우며 물고기를 기다리던 낚시의 추억이 떠오릅니다. 그러나 그건 필자에겐 하룻밤의 일이었고, 수컷은 평생의 일입니다. 여러분에게도 평생을 걸고 기다릴 무엇이 있으신가요.

사라진 지 20여 분이 지났을 무렵 암컷이 다시 돌아옵니다. 필자와의 거리가 채 1미터도 안 되는 곳에 앉아 열심히 산란을 시작합니다. 수컷은 나타나지 않습니다. 낙엽과 잔가지 잔해가 섞인 곳, 이끼 낀 나무와 돌, 습기 머금은 흙, 마른 식물 대 등 여기저기 돌아다니며 습기를 지닌 무엇에든 산란합니다.

심지어 이끼 묻은 폐타이어에도 산란을 시도했지만 딱딱한 고무라 두 번을 도전하다 포기합니다. 그렇게 50여 분을 산란하다가 센 바람이 나무를 흔들자 날아올라 다른 곳으로 떠납니다. 필자가 당도했을 때 이미 산란 중이었고, 다른 곳으로 날아갔다가 다시 와서 50여 분을 산란했으니 아마도 이전에 본 암컷의 산란 시간인 1시간 반에 버금가지 않았을까 생각해 봅니다. 산란 내내 수컷은 주변에 보이지 않습니다. 이제 서식지 5는 수컷의 존재 여부를 떠나 암컷의 산란이 이루어졌으므로 명백한 서식지임이 확정됩니다.

〈그림 120~123〉 서식지 5 암컷의 산란

떠나오기 전 꼬마잠자리 안부를 확인합니다. 오늘은 수컷 두 마리만 눈에 들어옵니다. 주변엔 큰밀잠자리들 개체 수가 더 늘어났네요. 큰밀잠자리들의 꼬마잠자리 섭식을 미워할 수 없는 일이지만 그래도 미워지는 건 어쩔 수 없습니다. 부디 적절한 개체 수의 꼬마잠자리들이 끝까지 남아주기를.

아침 최저 22도, 낮 최고 31도(관찰지 차량 측정 32도)의 날씨입니다. 어제보다는 조금 덜 덥다고 느껴지긴 합니다만 한낮의 몸에서는 움직이지 않아도 땀이 흐릅니다.

오늘도 지인은 먼 거리에서 새벽에 출발하여 이곳까지 달려옵니다. 오늘은 좀 다른 일정이 추가됩니다. 삼지연북방잠자리가 정말 강원도 고성에서만 관찰되는 것인지 확인하기 위해 강원도 양양군을 탐사해 볼 생각입니다. 이미 사전에 필자는 지도를 들여다보며 지형을 탐색하고 적절한 조건이 갖춰진 듯 보이는 곳을 물색해 두었습니다.

오늘은 지인의 카니발 승용차로 달려갑니다. 도심지에서 깔끔하게 유지된 차를 흙투성이 시골길 탐사에 이용하려니 미안한 마음이 앞섭니다만 지인의 결연한 의지에 그저 동의하고 맙니다. 나중에 좁고 굽이진 농로 길에서 어려움을 느끼고 필자의 소형차가 탐사에 적합함을 뒤늦게 인정했지만 말입니다.

9시 반쯤 양양읍에 있는 탐사 예정지에 도착합니다. 연속된 묵논들에 자란 무성한 풀들과 넉넉하게 고인 물들을 보니 잠자리 서식에 적절한 곳이란 느낌이 대번에 들어옵니다. 한 지점에 놓인 물웅덩이 주변에는 끝빨간실잠자리,[16] 넉점박이잠자리, 참실잠자리, 배치레잠자리, 밀·큰밀·중간밀·홀쭉밀잠자리들은 물론 가끔씩 나타나는 먹줄왕잠자리, 물길 주변의 장수측범잠자리 등 참으로 다양한 잠자리들을 만날 수 있습니다.

길을 따라 위 묵논 쪽으로 올라가던 중 앞에 가던 지인이 갑자기 "북방잠자

---

16 '황등색실잠자리'로 불리나 마찬가지로 앞의 책 명칭을 따른다.

리!" 하고 외칩니다. 눈을 들어보니 산 쪽 약간 그늘 드리워진 공중에서 작은 잠자리가 하나 맴을 돌고 있습니다. 시기나 비행 모습이나 일백 프로 삼지연북 방잠자리입니다. 순간 맴돌던 잠자리가 나뭇가지에 착 달라붙어 앉습니다. 카메라 줌을 당겨보니 틀림없는 삼지연북방잠자리입니다. 조금 위쪽 산의 약간 골이 진 곳에 습지형 숲이 있는데 그곳에서는 두 마리가 다투다 한 마리가 날아가고 남은 수컷이 맴돌기를 합니다. 가자마자 단번에 3개체를 확인한 셈입니다. 그렇습니다. 삼지연북방잠자리는 고성에만 서식하는 게 아님이 단번에 확인되었습니다.

더 위로 올라가 맨 끝 목논에 다다르니 또 한 개체가 보입니다. 여기 또 있다고 소리치니 뒤에 오던 지인이 방금 자기 근처에도 있었다고 하네요. 이제 막 시작되는 활동기에 5개체를 한곳에서 금방 확인했습니다. 예상보다 너무 빨리 과제가 해결되었습니다. 양양이 확인되었으므로 이제 영동 쪽에서 더 남부로 내려가 다른 지역을 계속 탐사해 볼 것을 의논하며 고성으로 돌아옵니다.

12시 반 가까이 서식지 3에 도착해 구석구석을 살피니 오늘도 그늘마다 수컷들이 대기 중입니다. 평소와 변함없는 모습들에 꼼꼼히 지켜볼 일은 없습니다.

〈그림 124〉 바닥 가까이 앉은 수컷

〈그림 125〉 수컷의 영역 비행

옆 골로 가니 드디어 억새 숲 위로 삼지연북방잠자리 수컷 한 마리가 비행하는 모습이 눈에 들어옵니다. 지난해에는 이 서식지에서 삼지연북방잠자리가 가장 이른 시기에 활동을 시작한다고 여겼습니다. 그러나 올해는 다른 여러 곳에서 눈에 띄는 이 종의 활동을 이 서식지에서는 확인이 안 되어 개체 수 변동은 아닐까 걱정했습니다. 지난밤 작년 첫 관찰 시점을 확인해 보니 6월 15일이었습니다. 그러니까 작년 대비 3일 정도 늦게 눈에 띈 것으로 지극히 정상적입니다. 이제부터 점점 활동 개체 수가 늘어날 것입니다. 더 이상 서식지 3에서 본 종에 대해 확인할 사항은 없는 것으로 판단되어 다시 서식지 4로 이동합니다.

오후 2시 가까이 서식지에 도착해 묵논들을 바라보니 여기저기 삼지연북방잠자리들의 영역 비행이 보입니다. 산란장 숲으로 들어서니 한 공간에 무려 네 마리의 수컷이 보입니다. 서로 거리를 두고 대기하고 있었으나 필자의 접근에 놀란 개체가 날아오르자 격한 다툼이 시작됩니다. 이 자리는 지인에게 양보하고 필자는 늘 궁금했던 웅덩이 산란을 기다리러 가려는데, 아래 묵논에서 삼지연북방잠자리의 비행 사진을 찍고 있는 지인이 늦습니다. 그냥 두고 올라가야겠습니다(나중에 들으니 지인이 도착했을 때는 수컷이 한 마리만 남아 있더라고 합니다).

골 웅덩이에 도착하니 대기 중이던 수컷이 날아올라 여느 수컷과는 달리 한 번에 멀리 가버립니다. 그런 뒤 30여 분이 지나도록 웅덩이에는 정적만이 감돕니다. 잠시 후 수컷이 다시 오고, 자리를 잡고 앉아 대기하지만 암컷은 오늘도 만나긴 힘들 것 같습니다. 지난번에 만난 시간을 고려하면 이곳은 비교적 밝은 그늘이라 늦은 시간이 되어야 나타나는가 봅니다.

지인이 올라와 기쁜 소식을 전합니다. 삼지연북방잠자리 촬영 중에 묵논에

〈그림 126〉 산란장 수컷

〈그림 127〉 골 웅덩이 수컷

꼬마잠자리가 있음을 발견했다는 것입니다. 올봄 이 서식지(그때는 서식 가능지역이었지요)를 둘러보며 여기는 반드시 꼬마잠자리가 서식할 것 같다는 강한 느낌을 받았었는데 사실로 확인된 것입니다. 얼른 가서 필자도 확인해 보기로 합니다. 지인이 봤다는 자리에는 보이지 않아 넓은 묵논 전체를 돌아보며 골풀 끝만 눈여겨봅니다. 그러던 중 필자도 확인합니다. 빨간 수컷 한 마리가 날쌔게 도망을 다닙니다. 부디 이곳에 많은 수가 살게 되었으면 좋겠습니다.

시간은 오후 3시 반을 넘어서고 있습니다. 다시 골 웅덩이에 앉아 좀 더 기다려 보는데 아래쪽 도랑 물 고인 곳으로 뭔가 하나 내려갑니다. 본 종 암컷이라면 물 고인 웅덩이에는 가지 않을 텐데 이상하다 하고 가보니 밑노란북방잠자리 암컷이 산란을 합니다. 빠른 비행을 하며 배 끝으로 물을 찍어 가장자리 흙 위로 던집니다. 참 재밌는 산란 방법입니다. 컴컴할 정도의 그늘 속에서 워낙 분주하고 빨라 그저 눈으로 바라보고 맙니다. 다시 웅덩이로 돌아오니 본 종 암컷 하나 날아옵니다. 그러나 웅덩이로 내려오기도 전에 수컷이 달려들어 그 길로 도망간 뒤 영영 오지 않습니다. 수컷은 다시 자리를 잡고 앉았는데 그런 수컷을 날려 사진에 담아봅니다.

그런데 사진을 확인하려 확대하다가 이상한 느낌이 듭니다. 앞가슴 무늬가 보던 것들과 좀 다릅니다. 세로로 내리그어진 노란 선 위로 가로로 조그맣게 점처럼 또 무늬가 있는데, 이 개체는 위 무늬가 점이 아니라 길게 늘어져 내립니다. 또 등에는 보통 하트형 무늬가 눈에 띄었는데 이 개체의 등 무늬는 그 하트가 둘로 나뉘어 각각 독립된 무늬로 보입니다. 이상하다 여기고 앞에서 찍은 개체들의 하나하나 살펴보니 대략적으로 두 가지 타입입니다. 앞가슴의 위 무늬가 점 크기인 것은 등 무늬에 하트형이 보입니다. 그러나 앞가슴 위 무늬가 길게 늘어져 내린 것들은 등 무늬의 하트형이 나뉘어 있습니다. 차후 이것에 대해 무슨 차이인지 살펴봐야겠습니다.

〈그림 128~129〉 등과 가슴 무늬의 두 가지 형태

주구장창 암컷을 기다리고 앉아 있는 수컷을 남겨두고 이제 오늘의 탐사를 종료합니다.

아침 최저 22도, 낮 최고 31도(관찰지 차량 측정 37도)의 무더운 날씨입니다. 어제는 서울에 올해 최초 폭염주의보가 발령되었다는군요. 어쩐지 어제는 너무 더워 관찰을 포기하고 집에만 들어앉아 있었습니다.

오늘은 중심 관찰 대상을 보러 가기 전에 이전부터 관심을 가졌던 가까운 거리의 야산 골짜기를 방문해 보기로 합니다. 아침 7시 반에 일찌감치 집을 나서서 말이죠. 45분쯤 대상지에 도착하니 벌써 삼지연북방잠자리가 풀밭 위에서 놀고 있네요. 그럴 거 같았습니다. 적어도 본 종이 보이지 않더라도 삼지연북방잠자리는 반드시 있을 거란 확신이 들었거든요. 주변을 모두 둘러보니 개체도 풍부합니다. 제각각 이곳저곳 풀밭들을 자기 영역으로 삼고 열심히 맴을 돕니다. 서식 확인만 하고 다시 조금 떨어진 옆 골짜기도 들러봅니다. 역시 마찬가지입니다.

9시 반쯤 서식지 4에 도착합니다. 왼쪽 산지 쪽은 밝은 햇살에 놓여 있지만 오른쪽 산지 쪽은 아직 산그림자가 드리워져 산길은 그늘이 져 있습니다. 주차하고 산길로 들어서니 바로 본 종 수컷이 매우 빠른 비행을 하며 맞이해 줍니다. 머리 높이보다 조금 더 높은 높이로 쉴 새 없이 오가며 꽤 넓은 영역을 비행합니다. 중간중간 섭식도 열심히 하고요. 아마 활기로 보아 꽤 젊은 개체인

〈그림 130〉 산길에서 비행하다 잠시 앉은 수컷

듯합니다. 계속해 산길을 걸으니 도중에 삼지연북방잠자리도 꽤나 자주 만납니다. 이 시간대에 주로 섭식을 하는가 봅니다.

산란장에 도착해 숲 안으로 들어섭니다. 웬일인지 본 종이 한 마리도 보이지 않습니다. 너무 이른 시간일까 싶어 조금 더 기다려 보았지만 적막만이 지속될 뿐입니다. 일단 숲을 나와서 위쪽 골 웅덩이로 가봅니다. 역시 보이지 않습니다. 웅덩이 아래 도랑의 물 고인 곳에서는 밑노란북방잠자리 암컷이 산란을 하느라 분주하더니 수컷이 다가와 둘이 엉겨붙더니 어디론가 가버리네요. 어제 하루 쉬었을 뿐인데 상황이 너무 달라졌습니다. 바닥에 주저앉아 이런저런 생각을 해봅니다. 지난해보다 올해 너무 더워서 일찍 사라지는 것인가, 활동 시간이 달라진 것인가 등등 말입니다.

우두커니 앉아 있는데 갑자기 본 종 수컷이 날아듭니다. 이제야 활동 시작인가보다 하고 얼른 산란장으로 달려갑니다. 그러나 여전히 한 마리도 보이지 않습니다. 참 이상한 일입니다. 지난해 본 종의 활동이 끝난 시기는 6월 말쯤이었습니다. 그러니 아직 며칠은 더 보여야 정상인데 말입니다. 산란장 안에 있는 나무 한 그루에 칡때까치 둥지가 있네요. 아직 눈을 뜨지 못한 어린 새끼가 커다란 노란 입을 쩍쩍 벌리며 먹이를 기다리고 있습니다. 저 칡때까치 둥지 때문에 오지 않는 걸까요. 그러나 그렇게 생각하기엔 둥지가 거기에 있었던 시간이 오늘이 처음인 건 아니니까 타당하지 못한 듯합니다. 다시 골 웅덩이로 이동합니다.

　수컷은 아까 앉은 이끼 낀 나무토막에 여전히 그대로 앉아 있습니다. 시간은 벌써 12시를 향해가고 있습니다. 조금 더 기다려 보고 서식지 3으로 가봐야겠습니다. 서식지 3에서도 상황이 같다면 이제 본 종의 활동이 종료된 것이라 여겨야 할 것입니다. 가장 전형적이고 최적인 환경과 다량의 개체 수가 보이는 2곳에서 활동이 종료된다면 다른 서식지는 볼 것도 없습니다.

〈그림 131〉 골 웅덩이 수컷

다른 개체가 전혀 더 오지 않는 상황이 지속되므로 자리를 털고 일어섭니다. 미련이 남아 산란장 숲을 한 번 더 확인하지만 역시 보이지 않습니다. 어떻게 하루 비운 시간에 이렇게 갑자기 상황이 달라졌는지 이해가 되지 않습니다. 서둘러 서식지 3으로 이동해야겠습니다.

　12시 반의 햇볕은 거의 죽음입니다. 이곳은 지금 37도나 찍히네요. 이런 온도에 개방 공간에서 활동하는 개체는 당연히 없을 것입니다. 가장 아래 습지의 그늘 속부터 차례로 들여다보며 산란장 그늘까지 올라갑니다. 구석구석 그늘마다 꼼꼼히 살폈지만 한 마리도 보이지 않습니다. 이렇게 더운 시간에는 바깥에서 활동하는 녀석들은 없어도 구석의 그늘마다 한 마리씩은 꼭 있었는데 말입니다. 옆 골로도 가봅니다만 역시 보이는 건 없습니다. 맨 위 웅덩이 안에는 언제나 어김없이 수컷 한 마리가 대기하고 있었는데 말입니다.

잠자리들의 활동이 멈추는 한낮 시간에 관찰을 한 탓으로 보이지 않는지 모릅니다. 너무 더워 우리가 알지 못하는 어떤 곳에서 더위를 피하고 있는지도 모릅니다. 아무래도 내일 이른 시간에 다시 한번 확인해 봐야겠습니다. 지금 개방 공간에는 삼지연북방잠자리도 한 마리 보이지 않으니까요.

돌아오는 길에 다른 서식지도 확인해 봅니다. 서식지 2에 들렀으나 보이는 개체는 없습니다. 서식지 5에도 들렀으나 역시 보이지 않습니다. 아쉬운 마음을 참지 못해 햇볕이 누그러든 것을 기대로 삼아 서식지 4로 다시 갑니다. 시간은 오후 3시에 접어드는데 본 종은 물론 삼지연북방잠자리도 하나 보이지 않습니다. 살인적인 기온 때문일 것이란 생각이 머리에서 떠나지 않습니다. 그렇다면 이들은 대체 어디서 더위를 피하고 있는 걸까요. 일단 골 웅덩이 위쪽의 산골짜기 숲으로 들어가 봅니다. 사방천지의 거미줄이 얼굴과 몸에 달라붙고 산딸기 가시덤불은 필자의 바지를 잡고 놔주지를 않네요. 몸엔 긁혔던 곳을 또 긁힌 자국들이 여기저기 선명합니다. 아무리 헤치고 둘러봐도 배치레잠자리 두셋밖에 본 종은 보이지 않습니다. 포기하고 내려옵니다.

내려오다가 골 웅덩이 근처까지 왔는데 갑자기 작은 나무 밑동에서 뭔가 휙 떠오릅니다. 본 종 수컷입니다. 이제 겨우 한 마리 보네요. 자세히 들여다보니 오전에 골 웅덩이를 지키던 그 녀석일지 모르겠단 생각이 듭니다. 자세히 눈에 새겨봅니다. 내일 다시 확인해 볼 때 녀석을 알아볼지도 모르기 때문입니다. 겹눈의 검은 점들, 배 끝의 낡음 정도 꼼꼼히 눈에 넣어봅니다. 골 웅덩이 근처 공터에 삼지연북방잠자리가 날고 있네요. 어쩌면 이렇게 늦은 시간이 되어야 본 종도 나타나는 걸까요. 골 웅덩이엔 없으니 얼른 산란장 숲으로 가봐야겠습니다.

혹시나가 역시나로 여러 번 바뀝니다. 오후 4시쯤부터 기다린 것이 40분이 다 되어가도 수컷도 암컷도 전혀 오지 않습니다. 내일 한 번 더 확인하고 서식지 4의 본 종 활동은 종료된 것으로 판단해야겠습니다.

6월 21일

아침 최저 21도, 낮 최고 28도(관찰지 차량 측정 31도)로 어제보다 조금 기온이 내려갔습니다. 부는 바람이 시원하다 느껴지네요.

어제 다짐한 대로 아침 일찍 서식지 3으로 갑니다. 이른 시간임에도 불구하고 역시 개체 수가 적다면 분명 활동 종료 시점이라 할 것입니다. 7시 반에 도착하여 일단 전체 풍경을 둘러보니 각 묵논마다 삼지연북방잠자리들이 활기차게 날고 있습니다. 이제 본격적인 저들의 시간이 다가온 듯합니다. 맨 밑 습지의 그늘부터 차근차근 올라가며 산란장 그늘 안쪽까지 구석구석 살펴봅니다. 그러나 한 마리도 보이지 않습니다. 옆 골로 가야겠습니다.

옆 골 묵논과 억새밭 위에도 삼지연북방잠자리가 비행 중입니다. 숲 그늘부터 맨 위 웅덩이까지 꼼꼼히 살펴보지만 역시 이쪽에도 보이지 않습니다. 특히 맨 위 웅덩이에는 언제나 수컷 한 마리는 꼭 대기하고 있었는데 말입니다. 기다려 보기로 합니다.

9시가 다 돼 가자 억새밭과 묵논에 있던 삼지연북방잠자리는 어디론가 사라졌습니다. 기다리는 본 종은 내내 보이지 않고 햇살만이 강해집니다. 다시 중심 서식 장소로 이동합니다. 아까 하던 그대로 다시 맨 아래 습지부터 차근차근 살피며 올라갑니다. 보고 싶은 본 종은 끝내 보이지 않는데 맨 위 산란장 중앙의 수풀 속에 삼지연북방잠자리 수컷 한 마리가 갓 우화해서 바닥의 나뭇가지 잔해에 매달려 있네요. 그런데 저 나뭇가지는 본 종의 우화가 일어났던 것입니다. 바닥은 물기 하나 없이 말라 있는데 그곳에서 같은 방식으로 우화하다니 놀랍습니다. 역시 두 종은 서식지를 공유하는 경우가 많습니다.

그래도 나타날 가능성이 큰 곳은 산란장 묵논이라 여기며 기다렸지만 내내 나타나지 않습니다. 포기하고 다시 내려갑니다. 맨 아래 산란장을 지나 개방 묵논으로 들어설 때입니다. 구석 그늘에 다가가 발로 풀 무더기를 툭 치니 근처에 있던 수컷 하나가 날아오르네요. 드디어 한 개체를 만납니다. 그러나 그뿐입니다. 이후로 습지까지의 묵논 구석엔 더 이상 보이지 않습니다. 두 번째 습지를 지날 무렵 수컷 한 마리가 또 보입니다. 이제부터 나타나는 시간일까

〈그림 132〉 개방지 묵논 구석 수컷

〈그림 133〉 습지 그늘의 수컷

기대하며 세 번째 습지를 들어서니 좀 전에 위에서 본 수컷이 따라 내려와 나무토막에 앉습니다. 이 중심 서식장 전체에 수컷 딱 두 마리인 것입니다. 너무 흔해 관찰이 싱겁기까지 했던 곳이 이틀 만에 이렇게 갑자기 바뀌었습니다.

옆 골로 다시 가봅니다. 묵논 오른쪽의 찔레나무 숲 근처에서 수컷 하나 날고 있네요. 세 번째 개체입니다. 이 녀석은 꽤 높은 곳에서 빠르게 비행하네요. 어제 서식지 4의 입구에서 본 수컷과 비슷한 비행입니다. 이 녀석도 늦게 우화한 개체일 것입니다. 위쪽으로 올라가 보지만 묵논의 한 개체 외는 더 이상 볼 수 없네요. 시간은 10시를 넘어서고 있습니다. 이쯤이면 그늘 속을 찾아들 개체들은 대충 다 왔을 시간이니 지금까지 본 3개체가 오늘 이 서식지의 모든 개체인 듯합니다.

지난해에는 6월 24일에도 암컷의 산란을 목격했습니다. 그 후로 개체 수가 드물어져 27일부터는 한두 마리만이 관찰되었고 29일쯤에서부터는 단 한 마리만을 볼 수 있었습니다. 7월 2일까지도 그 한 마리는 산란장 그늘 바닥 나뭇가지에 앉아 있었는데 그 시점에서 활동 종료로 판단하고 관찰을 중지했습니다. 그런데 올해는 20일을 계기로 이렇게 개체 수가 크게 줄었다는 것이 놀랍습니다. 다시 서식지 4까지를 확인해야 더 확실한 결론을 낼 것 같습니다. 도착할 시간이 10시 반 정도이니 이만하면 충분히 관찰 가능한 시간대입니다.

서식지 4는 햇살이 전역에 걸쳐 밝게 빛나고 있습니다. 어제 삼지연북방잠자리가 많이 보이던 산길에는 단 한 마리만이 관찰됩니다. 벌써 더위를 피해 활동을 접은 듯합니다. 산란장 숲속에 들어서 봤지만 여전히 한 마리도 보이지 않습니다. 골 웅덩이로 올라가 보니 수컷 한 마리가 나무토막에 앉아 있습니다. 자세히 들여다봅니다. 어제 보았던 녀석과 거의 일치합니다. 결국 서식지

4에는 단 한 마리의 수컷이 더위를 견디며 오지 않을 암컷을 기다리고 있는 것입니다. 지난해 서식지 3의 마지막 개체처럼 이 녀석이 이곳의 마지막 개체일까 생각하며 돌아옵니다.

〈그림 134〉 골 웅덩이 수컷

6월 24일

기상청 발표 아침 최저 20도, 낮 최고 25도(관찰지 차량 측정 27도)의 흐린 날씨입니다. 그제 오후 적은 양의 비로 시작하여 어제까지 꽤 많은 양의 비가 내렸습니다. 날도 선선하고 바닥이 잘 젖었으므로 혹시라도 숨어 있던 개체들이 우르르 나온 건 아닐까 하여 다시 한번 서식지 개체 수를 확인하러 갑니다.

서식지 3에 도착하니 11시 근방이군요. 하늘은 흐리지만 풀잎에 맺혔던 빗물들이 어느 정도 말랐네요. 개방 묵논들에 날던 삼지연북방잠자리는 오늘은

〈그림 135〉 바닥 가까이 앉아 있는 수컷

안 보입니다. 묵논 아래 습지들을 살폈으나 본 종은 한 마리도 안 보이네요. 개방 묵논들로 차례로 이동하면서 구석구석 살핍니다만 역시 안 보입니다. 그러다 맨 아래 산란장에 도착하니 그늘진 어두운 곳에 바닥 가까이 마른 풀대를 잡고 앉아 있는 수컷 한 마리가 보입니다. 필자의 등장에 매우 예민한 반응으로 날아오르더니 바깥으로 날아가 버립니다. 다음 산란장들에는 보이지 않습니다. 결국 이 골짜기 전체에서 수컷 한 마리만 눈에 띈 것이지요.

옆 골로 가봅니다. 묵논에는 보이지 않습니다. 산란장 숲에도 없습니다. 옆 억새밭에는 삼지연북방잠자리 한 마리가 맴돌고 있습니다. 개구리 웅덩이를 보고, 산비탈 그늘진 웅덩이도 보고, 맨 위 웅덩이까지 올라갑니다. 전혀 보이지 않습니다. 자리에 앉아 잠깐 쉬면서 혹시 저번처럼 삼지연북방잠자리 암컷이 오지 않을까 기다려 보는데, 순간 본 종 수컷 한 마리가 어디선가 날아듭니다. 그러더니 필자가 있는 곳까지 한번 둘러보고는 바깥으로 사라져 버립니다.

옆 골을 포함한 서식지 3 전체에서 결국 두 마리의 수컷을 본 게 전부네요. 지난번 관찰과 다르지 않습니다. 그리고 오늘 본 수컷들은 예민한 모습입니다. 영역에 집착하여 필자의 등장에도 아랑곳하지 않던 그런 모습이 아닙니다. 이제는 영역보다 안전을 우선으로 여기는 듯합니다.

묵논들엔 배치레잠자리, 큰밀잠자리, 밀잠자리들이 보이고 공중에는 된장잠자리들 대여섯 마리가 날고 있습니다. 하늘은 여전히 흐린데 혹시나 해서 다시 살펴본 중심 골에는 맨 아래 산란장에만 수컷 한 마리가 그대로 있는 것을 포함 아무것도 달라진 게 없습니다. 내친김에 서식지 4로도 가봐야겠습니다.

오후 1시경 서식지 4에 도착하니 묵논들에는 삼지연북방잠자리들이 활발히 날고 있습니다. 배치레잠자리, 큰밀잠자리, 중간밀잠자리, 밀잠자리, 깃동잠자리들의 움직임도 보이는데 먹줄왕잠자리는 오늘 보이지 않네요. 흐린 날을 싫어하나 봅니다.

〈그림 136〉 골 웅덩이 수컷

산란장 숲 그늘에는 역시 본 종이 한 마리도 보이지 않습니다. 적막 그 자체네요. 골 웅덩이로 가봅니다. 수컷 한 마리가 여전히 자리를 지키고 있네요. 그런데 이 녀석도 필자의 등장과 더불어 쌩하고 날아가 버립니다.

서식지 3도 4도 개체 수는 여전히 이전과 다름없습니다. 활동이 끝나가는 시점이 분명하네요. 남은 한두 개체가 명맥을 유지하며 며칠 더 살아가겠지요. 가장 서식 환경이 좋고 개체 수가 많은 서식지 2곳이 이런 사정이니 다른 서식지들이야 보지 않아도 상황이 짐작됩니다.

아침 최저 19도, 낮 최고 27도(관찰지 차량 측정 29도)의 맑은 날씨입니다. 아침 일찍 서식지 4로 또 갑니다. 활동이 종료되어 가니 더 아쉬워서일까요? 가봤자 역시일 거로 생각하면서도 왠지 하루라도 본 종의 모습을 대하지 않으면 마치 큰 무엇을 간과하는 건 아닐까 하는 생각이 들어 생략할 수가 없네요.

아침 7시의 서식지는 산길 쪽은 아직 산그림자로 덮여 있고, 묵논 쪽은 반쯤 그늘, 반쯤 햇살 그렇습니다. 벌써 삼지연북방잠자리들은 활동을 시작했군요. 여기저기 활기차게 비행하고 있습니다. 산란장에 들러도, 골 웅덩이에 들러도 본 종은 보이지 않네요. 너무 이른 시간이겠죠. 기다리는 셈 치고 삼지연북방잠자리들과 놀겠습니다.

10시 반, 산란장에 본 종 수컷이 나타났습니다. 잠시 앉아 지켜보기로 합니다. 그러나 적막만이 흐릅니다. 골 웅덩이로 가봐야겠습니다.

〈그림 137〉 골 웅덩이의 수컷

11시 50분쯤인데 변함없이 수컷 한 마리가 암컷을 기다리며 앉아 있군요. 여기서도 잠시 자리를 잡고 앉아 지켜봐야겠습니다. 잠시 후 12시가 다 되어갈 즈음 암컷이 나타납니다. 그러자 수컷이 재빨리 달려들었는데 너무 성급했나 봅니다. 암컷이 바로 달아나 버립니다. 2분 정도 시간이 흐르자 암컷이 다시 또

〈그림 138〉 짝짓기

〈그림 139〉 원래 자리로 돌아온 수컷

찾아옵니다. 이번에도 바로 수컷이 달려들었는데 작심하고 있었던 모양입니다. 바닥으로 내려앉기 전에 단번에 암컷의 머리를 움켜잡았습니다. 그리곤 웅덩이 위 1미터 내외에서 빙빙 돌며 수차례 생식기 결합을 시도합니다. 마침내 성공입니다. 그리곤 바로 옆에 서 있는 오리나무 기둥의 옹이 부분을 잡고 앉습니다. 바닥으로부터 2미터 안팎의 높이네요. 필자가 앉아 있는 곳으로부터는 3미터 이내의 거리입니다. 수컷은 1분 간격으로 배에 힘을 주며 암컷을 끌어당겼다 놓곤 합니다. 그렇게 38분 정도 걸려 짝짓기가 끝납니다. 우선 생식기가 분리되고 일자형으로 늘어져 잠시 쉽니다. 그런 후 암컷은 몸을 흔들며 놓아달라고 요구하는데 수컷은 또 금방 놓아주지 않습니다. 암컷을 끌어 올리며 당기지만 금방 힘이 풀려 다시 늘어집니다. 암컷은 지속적으로 요구하고 그러면서 결국 결합은 분리됩니다. 풀려난 암컷은 숲속으로 날아가고, 수컷은 그 자리에 좀 더 있다가 원래의 자리로 되돌아와 다시 앉아 대기합니다.

활동이 종료되었다고 생각하고 그냥 아쉬움에 얼굴이나 더 보고 갈 마음으로 왔는데 뜻밖의 행운입니다. 아직 활동이 끝나지 않은 거 아닐까요.

산란장 숲에서도 짝짓기가 벌어지는 건 아닐까 급히 자리를 이동해 봅니다. 수컷 한 마리가 여전히 자리를 지키고 앉아 있습니다만 조용합니다. 그때 어디선가 수컷 또 한 마리가 나타났지만 기존 수컷에게 쫓겨가고 맙니다. 침입자를 물리친 수컷은 필자에게로 다가와 붕붕 날갯소리를 크게 내며 경고장을 날린 후 주변을 순찰하고 자리로 돌아갑니다. 다시 적막입니다. 상황이 궁금해 얼른 골 웅덩이로 돌아와 보니 수컷은 이전 그대로 자리를 지키고 앉아 있습니다. 산란장 숲으로 다시 돌아갑니다.

오후 1시 20분, 산란장 숲으로 들어서 수컷이 앉아 있는 곳으로 가까이 다가서려는데 갑자기 발밑에서 암컷이 날아오릅니다. 암컷이 바닥에 내려앉기 전 낚아채는 데 실패한 수컷이 암컷이 다시 날아오르는 순간을 기다리고 있었던 모양입니다. 암컷이 날아오르자 수컷이 재빨리 낚아챕니다. 그러더니 빙빙 돌며 생식기 결합을 시도하며 숲 밖으로 나가버렸습니다. 재빨리 따라갔지만 이미 시야에서 사라졌네요. 허탈해하며 골 웅덩이로 이동합니다.

웅덩이에 수컷이 없네요. 이상하다 여기며 혹시 안 보이는 곳에 앉아 있나 웅덩이 안을 자세히 보려고 접근하는데 바로 옆 키 낮은 작은 나뭇가지에 짝짓기를 한 채 앉아 있는 모습이 눈에 들어옵니다. 그새 암컷이 날아들었고 바로 짝짓기를 해 앉은 것이겠죠. 바닥에서 80센티미터쯤의 높이로 말입니다. 필자가 거의 50센티미터 곁에 접근했던 상황인데도 날지 않는 채 그대로 있다니 놀랍습니다. 게다가 이렇게 낮게 앉은 짝짓기 쌍은 처음 봅니다. 살금살금 뒤로 물러나 자리를 잡고 열심히 촬영합니다. 늙고 한쪽 눈이 찌그러진 것으로 보아 원래 그 수컷이 분명한데 두 번째 짝짓기를 하는 것입니다. 암컷은 이전 암컷인지 분명치 않습니다. 그런데 이번에는 암컷이 자꾸 몸을 세게 흔듭니다. 거부하는 것이죠. 그렇게 계속 거부하니 발견한 지 20여 분 만에 짝짓기가 종료되네요. 아마 필자가 산란장 숲에 다녀온 시간을 고려하면 25~30분 정도 짝짓기를 한 것으로 보입니다. 암컷은 가고 수컷은 다시 원래의 자리에 앉습니다. 또 암컷을 기다리는 것이지요. 놀랍습니다. 수컷은 대체 하루에 몇 번이나 짝짓기를 하는 걸까요.

다시 산란장 숲에 가봅니다. 아까 짝짓기를 해 밖으로 나갔던 수컷이 돌아와 앉아 있네요. 짝짓기 시간을 30여 분으로 계산하니 거의 맞습니다.

오후 2시 43분, 골 웅덩이 수컷이 세 번째 짝짓기를 합니다. 역시 가까운 거리의 나무 2미터 정도의 높이에 앉습니다. 이번에는 암컷의 거부가 별로 없네요. 하지만 20여 분이 지나니 어김없이 암컷이 몸을 흔들기 시작합니다. 카메라로 자세히 보니 암수 모두 참 많이 늙어 있

〈그림 140〉 두 번째 짝짓기

〈그림 141〉 복귀한 산란장 수컷

〈그림 142〉 세 번째 짝짓기

습니다. 이번 짝짓기는 33분 정도 걸렸네요. 수컷은 다시 제자리로 돌아와 앉아 또 암컷을 기다립니다. 놀랍기 그지없습니다. 오늘 이 서식지를 오지 않았다면 이런 진기명기를 놓치고 말았을 것이라 생각하니 가슴이 서늘합니다. 그동안 못 보았던 명장면들을 시즌이 끝나가는 때 오히려 실컷 보고 있습니다.

얼른 산란장 숲의 상황을 점검하러 갑니다. 수컷이 아까와는 다른 자리에 앉아 있네요. 아마 또 다른 수컷의 침입이 있었던 모양입니다. 다시 골 웅덩이로 돌아옵니다. 웅덩이 수컷 주변으로 흰색의 아주 조그만 날벌레가 날아오릅니다. 수컷이 잽싸게 섭식해 버리네요. 그러고 보니 암컷이 산란하는 자리나 수컷이 대기하는 자리는 습도가 높거나 물기가 있어 작은 벌레들도 많이 발생하는 곳입니다. 그러니 수컷은 이런 자리에서 암컷을 기다리는 동시에 섭식도 충분히 할 수 있는 것이지요. 식사도 하고 사랑도 나누는 요긴한 공간입니다. 오후 2시가 넘어서면서 날이 옅게 흐려지고 있습니다.

오후 3시 44분 웅덩이로 또 암컷이 날아듭니다. 그런데 이번에는 암컷이 자리에 앉아 산란할 수 있게 되네요. 수컷이 재빠르게 날았어야 하는 순간을 놓치고 만 것입니다. 수컷은 암컷이 산란하는 곳 가까이 날아가 자리를 잡고 앉습니다. 잠시 후 암컷이 자리 이동을 위해 살짝 날아오릅니다. 이때다 싶은 순간을 놓치지 않고 이번엔 수컷이 낚아챕니다. 네 번째 짝짓기입니다. 이번엔

〈그림 143〉 네 번째 짝짓기

웅덩이에서 조금 떨어진 나무에 앉습니다. 그런데 앉은 후 얼마 되지 않아 생식기 결합이 풀립니다. 그러자 수컷이 다시 암컷을 잡은 채 공중으로 날아올라 생식기를 재결합합니다. 그런 후 앉았던 자리에 다시 앉습니다. 카메라로 들여다보니 암컷은 직전의 암컷인 듯합니다. 매우 늙고 색바랜 암컷입니다.

이번 짝짓기는 20여 분만에 끝납니다. 생식기가 떨어지더니 둘 다 기진맥진한 듯 움직임 없이 2분 정도 일자로 늘어져 있습니다. 그러더니 암컷이 몸을 흔들어 결합이 풀리고, 암컷은 힘이 없는지 멀리 가지 못한 채 인근 소나무 가지에 앉습니다. 수컷은 이제 더 이상은 무리라는 듯 날아올라 다른 곳으로 사라집니다. 이제 웅덩이 쪽은 텅 빈 채 적막해졌습니다.

이후로 오후 5시까지 2곳을 오가며 기다렸지만, 이제는 산란장 숲속에도 골웅덩이에도 더 이상 보이는 개체가 없습니다. 정말 뜻하지 않게 한 수컷의 네 번이나 거듭된 짝짓기를 관찰한 행운의 하루였습니다.

아침 최저 18도, 낮 최고 27도(관찰지 차량 측정 32도)의 맑은 날씨입니다. 어제 서식지 4의 놀라운 관찰 경험을 바탕으로 기대에 부풀어 오늘은 서식지 3을 방문합니다.

아침 7시 40분에 도착 후 8시 20분에 이르기까지 본 골과 옆 골을 휘젓고 다녀보았지만 본 종은 보이지 않고 곳곳에 삼지연북방잠자리들의 활발한 활동만 관찰됩니다. 맨 위 산란장 묵논 구석엔 삼지연북방잠자리가 우화했는데 우화부전이군요.

오랜 가뭄입니다. 물기가 보여야 할 곳들은 모두 말라 있습니다. 지난해 이맘때보다 훨씬 더 가물었습니다.

한 개방 묵논에 삼지연북방잠자리가 예쁘게 영역 비행을 하고 있는데 갑자기 시커멓고 커다란 잠자리가 날아와 휙 낚아채네요. 그러더니 발에 움켜쥐고 인근 풀숲으로 갑니다. 날갯소리가 요란하더니 시커먼 잠자리가 혼자 날아올라 주변의 나무에 앉습니다. 카메라로 당겨보니 장수측범잠자리입니다. 풀숲에 가 풀을 헤치고 들여다보니 머리 없는 삼지연북방잠자리 시신이 보입니다. 섭식용으로 잡은 것이 아니란 것인데 왜 장수측범잠자리는 애꿎은 삼지연북방잠자리를 제거한 것일까요. 자기 영역 내에 방해요소를 없앤 것일까요. 무시무시한 녀석입니다.

맨 아래 산란장 나무 위에 가지에 붙어 있는 갓 우화한 삼지연북방잠자리가 보이네요. 날개도 깨끗하고 체색도 선명한 것이 참 곱습니다. 사방에 물기라곤 없는데도 참 잘도 우화해 나옵니다. 본 종과 여러 면에서 비슷한 생태를 가졌다고 보겠습니다.

　오전 내내 본 종은 한 마리도 보이지 않습니다. 혹시 어제 서식지 4에서와 같은 현상이 여기서도 있었을까요. 보지 않은 것에 어떤 추측이 가능하겠습니까마는 이렇듯 오전 내내 한 마리도 보이지 않는다면 여기서 어제의 서식지 4와 같은 일은 일어나지 않았을 거라 생각합니다.

〈그림 144〉 서식지 3 마지막 개체

　12시 반, 햇볕은 따갑고 본 종은 보이지 않아 체념하고 관찰을 마치려고 묵논골을 빠져나오려는데, 맨 아래 개방지 묵논과 산길의 인접지 그늘에서 본 종 수컷 한 마리가 앉아 있다 날아오르네요. 유일한 개체입니다. 아래 습지 쪽으로 날아가는가 싶더니 다시 또 돌아옵니다. 필자가 움직이면 또 날아갔다 다시 오는 자리 집착을 보이기에 그늘 아래 풀들과 바닥을 자세히 보니, 흙은 다른 곳보다 습도가 높은 곳입니다. 그리고 풀대에 본 종 우화각 하나가 보입니다. 이 서식지에서 산란장 3곳 이외의 장소에서 본 유일한 우화각입니다. 이곳에서 저 수컷 하나가 이제 본 종 활동의 마지막 시간을 메우는가 봅니다. 이로써 서식지 3의 본 종 활동 시기는 끝난 것으로 확정합니다. 이에 비해 어제 화려한 활동을 보여준 서식지 4의 상황은 어떨지 마구 궁금해집니다. 얼른 이동해야겠습니다.

〈그림 145〉 서식지 3 마지막 개체

〈그림 146〉 서식지 4 마지막 개체

오후 2시 20분. 서식지 4의 산란장 숲속엔 본 종 수컷이 한 마리 대기하고 있습니다. 필자의 등장에 날아올라 경계하듯 바라보더니 숲 밖으로 날아가 버립니다. 골 웅덩이로 올라가 보니 항상 대기하는 수컷 한 마리가 있던 자리에 오늘은 보이지 않습니다. 2시 50분쯤 되자 웅덩이로 수컷 한 마리가 날아듭니다. 그러나 필자의 움직임을 감지하고 앉지도 않고 바로 날아가 버립니다. 두 개체 모두 매우 예민한 경계심을 보이고 있는 것입니다. 얼른 산란장 숲으로 가보니 아까 있던 수컷이 보이지 않습니다. 그러니까 숲속의 수컷이 좀 전에 웅덩이로 왔을 가능성이 큰 것으로 보입니다. 그러하다면 오늘 이 서식지엔 수컷 한 마리만 있는 것이 됩니다. 4시가 넘도록 위아래로 오가며 기다렸지만 이후로 본 종은 한 마리도 나타나지 않습니다. 결국 여기도 수컷 한 마리만 남았단 말이 되는 것이지요. 어제 보았던 수컷 세 마리와 암컷들은 다 어디로 사라진 걸까요. 어쨌든 서식지 3과 더불어 여기도 이제 시즌은 종료되었다고 봐야겠습니다.

지난해보다 대략 2~3일 정도 활동 종료가 일러진 듯합니다. 이에는 올해의 가혹한 무더위와 가뭄이 관련되지 않을까 추측해 봅니다. 이제 다시 한 해를 보내고 내년 5월이 되어야 이 어여쁜 잠자리를 만날 수 있겠습니다.

Ⅲ. 글을 마치며

Ⅲ. 글을 마치며

산이나 들을 걷다 보면 가끔 눈에 거슬리는 사람들이 있다. 자연 속에 소담하게 피어 마음을 즐겁게 해주는 야생화들을 몰래 캐 가려는 사람들이다. 길을 걷는 우리 모두가 함께 보고 즐길 수 있는 자연의 선물인데, 좋은 것은 꼭 자기만의 것으로 소유해야 하고, 나아가 주변에 자랑하고 싶은 그런 사람들이 꼭 있다.

한라별왕잠자리는 관찰이 매우 어려운 희귀종으로 알려지면서 잠자리를 좋아하는 많은 이들이 이 종에 대해 다양한 이유로 관심을 집중하고 있다. 학술적 연구 대상으로 개체를 포획하고 표본화하여 기관에 보관하려는 이들에게야 필요악이라 여겨 수긍할 수밖에 없다. 일반적인 사람으로서 서식지가 어딘지 알아내고, 사진에 담아 주위에 자랑하는 것이 보람인 사람까지야 어여삐 여기겠으나, 굳이 채집하여 수집 외에 따로 가치를 둘 수도 없는 표본을 만들어 소유하면서 주위의 관심을 끌고 싶어 하는 사람들은 그저 야생화를 탐내는 몰염치한 사람으로밖엔 여겨지지 않는다. 그러한 사람들은 채집도 한두 마리에 그치는 것이 아니라 경쟁하듯 쓸어가곤 하니 큰 문제다. 그런 행동이 그렇게도 보람 있고 즐거운 일일까 의문이며 딱하고 안타깝게 여겨진다.

이 책이 그런 몰염치한 사람들을 이 지역에 불러 모으는 도화선이 될 염려가 있음을 생각하니 출판물로 세상에 내놓는 일이 오랜 시간 망설여졌다. 그러나 같은 관심을 지닌 자에게 본 지역 서식 정보를 불가피한 이유로 입에 올린 후, 생태 파악을 위해 당분간 외부에는 함구해 달라고 부탁해 두었던 일이 이미 어긋나 버린 탓에 이제 언제든 외부로부터 달려와 서식지를 밟아대고 개체들을 마구 채집해 가는 일은 시간상 문제일 뿐이게 되었으므로 본 종에 대한 기록과 정보를 마련해 두고자 출간을 의뢰하게 되었다.

희소가치가 있는 것은 소중하다. 특히 생명에 관한 것은 더더욱 그 가치를 인식해야 한다. 어느 사람도 자신의 치졸한 자랑거리나 소유욕을 위해 함부로 희생시켜서는 절대로 안 될 일이다. 혹시라도 채집을 위한 정보를 얻고자 이 책을 읽는 이가 있다면 부디 생각을 바꿔주길 간곡히 부탁한다.

삼지연북방잠자리

(*Somatochlora viridiaenea*)

[부록] 삼지연북방잠자리(*Somatochlora viridiaenea*)

삼지연북방잠자리(*Somatochlora viridiaenea*)는 남한 서식 청동잠자리과 4종 중 하나로, 처음 발견된 북한 양강도 삼지연의 지명을 따라 이승모(2001)에 의해 붙여진 이름이다.[17] 현재까지 공식적 발표로는 강원도 고성군에서만 관찰할 수 있는 것으로 알려져 있으며, 고성군 이북으로 서식지가 설정되어 있다. 그 외 이 종에 대한 국내 자료는 거의 없어 관심 있는 사람이 알고자 할 때는 일본 측의 자료를 참고하는 실정이다.

필자는 2022년부터 고성군 전역을 탐사하며 본 종에 대한 관찰을 시작하여 서식지 특성, 유충, 짝짓기, 산란, 활동기 등에 대한 구체적 조사를 벌였다. 그 결과 구체적 생태를 생생히 정리할 수 있었고 알려진 사실들과 다른 점들도 발견할 수 있었다.

---

17 김종문 외, "한반도 잠자리 곤충지", 푸른행복, 2020

〈그림 147〉 삼지연북방잠자리 수컷

〈그림 148〉 삼지연북방잠자리 암컷

〈그림 149〉 삼지연북방잠자리 수컷

〈그림 150〉 삼지연북방잠자리 암컷

본 종은 사실상 고성군 지역에서는 흔하다 할 정도로 쉽게 볼 수 있는 종이다. 필자가 2023년 6월부터 9월까지 확인한 서식지만 해도 10여 군데가 넘을 정도로 군 전역에 고루 서식한다.

〈그림 151〉 골짜기 묵논 습지

서식지의 특성을 간략히 요약하자면, 용천수(샘)가 발생하는 야산 골짜기의 계곡이나 습지, 묵논의 끝쪽이라고 할 수 있다. 서식지 둘레나 주변으로는 나무숲이 있어 적절한 그늘 지역이 형성되어 있으며 습지답게 키 낮은 풀밭이 풍성해야 한다.

　　용천수가 발생하는 골짜기는 흔히 계단식 논이 마련된 경우가 많으며, 그 논이 휴경지로 오래 묵은 경우도 흔하다. 그런 묵논은 습지의 또 다른 형태에 해당한다. 만일 골짜기 논들이 경작지인 경우에도 맨 위쪽에 약간의 습지가 있다면 본 종이 충분히 서식할 가능성이 있다.

　　습지, 또는 묵논은 물이 전체적으로 고여 있는 것이 아니라 곳곳에 파인 작은 웅덩이들 외엔 그저 질척한 정도의 물기를 지니고 있는 곳이어야 한다. 또한, 웅덩이에 고인 물은 깊지 않아야 한다. 바닥을 겨우 덮을 정도에서부터 종아리 깊이까지의 비교적 적은 양의 물이 고인 곳이면 산란과 유충 서식의 공간이 된다.

　　묵논인 경우 맨 위쪽에 예전에 만든 둠벙, 또는 소규모 못이 존재할 수 있다. 그런 못은 많은 경우 산지와 거의 잇닿아 있으며, 가장자리로 식생이 풍부하고 나무로 인한 그늘이 질 수 있는 곳이다. 이런 못도 본 종의 서식과 산란이 이루어지는 공간이다.

　　계곡의 경우, 흐르는 물길 본류가 아닌 주변의 작은 물웅덩이들이 있는 억새밭, 계곡 내에서 다시 갈라진 작은 골 주변의 습지 등이 서식지가 된다.

〈그림 152〉 산지의 작은 물웅덩이

〈그림 153〉 묵논 위의 소규모 못

　그 밖에도, 최초 삼지연에서 채집되었듯이 평지 야산이 아닌 고지대에도 서식하는 바, 필자의 지역에서는 해발 650미터의 산 위에도 서식한다. 필자가 본 종에 대해 처음 관심을 갖고 개체 탐색을 할 때 최초로 목격된 곳이기도 하다. 산 위의 골이 지고 샘이 흐르며 식생이 풍부한 습지형 공간이 서식 장소이다.

주로 크기가 작고 깊지 않은 물웅덩이에서 발견되지만 질척한 습지의 물기에 젖어 있는 낙엽 퇴적층이나 식물 부산물 밑에서도 발견된다. 요컨대 넓고 깊은 물을 필요로 하지 않고 산골짜기의 작은 용천수로부터 형성되는 낮은 수위의 웅덩이나 정수지역, 그리고 질척한 진흙 바닥이 있는 곳에서 유충은 쉽게 발견된다.

〈그림 154〉 습지 물웅덩이

〈그림 155〉 계곡 억새밭의 물웅덩이

〈그림 156〉 묵논 초지의 물웅덩이(하향 촬영)

또한, 유충이 발견되는 곳은 개방된 곳이 아니라 나무 그늘 속 어두운 공간이거나 억새 등의 키 큰 식물로 에워싸여 밖으로부터는 시야가 차단될 수 있는 곳이다. 이러한 곳은 암컷이 산란하는 장소와 일치한다.

한 웅덩이에 여러 개체가 서식하며, 조금 넓은 웅덩이의 경우 그늘진 곳에 산란하기 좋아하는 밑노란북방잠자리의 유충이 함께 발견되는 경우도 있다.

본 종 유충은 청동잠자리과 다른 종들의 유충과 유사하게 생겼으나, 6마디 등의 가시가 이하 가시들에 비해 유난히 작고 가늘다는 점, 9마디 옆의 가시가 다른 종들에 비해 가늘고 길다는 점에서 쉽게 구별된다.

〈그림 157〉 삼지연북방잠자리 유충

〈그림 158〉 삼지연북방잠자리 유충

물 없이 습기만으로도 장시간 견딜 수 있어 가뭄기에 물기 없는 곳에서도 우화가 가능하다. 또한, 한라별왕잠자리 유충과 본 종 유충이 같은 웅덩이에서 발견되기도 함은 물론, 우화도 같은 장소에서 일어나는 경우를 어렵지 않게 볼 수 있다. 우화는 보통 한라별왕잠자리의 우화 시기보다 약간 늦은 6월 초 시작된다. 유충이 우화하는 시기와 가뭄 시기가 겹치는 경우가 많아 우화는 물이 거의 다 마른 곳에서 발생하기도 하며, 한라별왕잠자리가 우화한 나뭇가지나 풀잎에서 발생하는 경우도 종종 보인다.

〈그림 159〉 수컷 우화(2024. 6. 4.) 우화각

〈그림 160〉 수컷 우화(2024. 6. 4.)

〈그림 161〉 수컷 우화(2024. 6. 6.)

〈그림 162〉 우화부전(2024. 6. 26.)

산란

산란은 매우 이른 시간부터 시작되는데, 이슬도 마르지 않은 아침 7시 반 정도부터도 관찰된다. 따라서 수컷의 활동 역시 이때부터도 관찰할 수 있다. 이른 시간의 산란이 주요하지만 오후 늦은 시간까지도 산란은 계속된다. 산란을 마친 암컷은 사선 형태로 몸을 위로 세운 채 날아오르는데 이때 수컷에게 다시 잡히기도 한다.

암컷의 산란 장소는 세 가지 유형으로 요약할 수 있는데 어떤 경우든 사방이 밀폐된 형태로 자신을 은폐할 수 있는 공간이어야 한다. 또한, 암컷은 산란하는 동안 매우 예민하여 작은 소리에도 금방 자리를 떠난다.

우선, 개방지일 경우 암컷은 풀이 밀집된 습지나 묵논에서 풀 위를 스칠 듯한 높이로 날며 틈이 있는 곳을 찾는다. 틈이 있는 곳은 보통 작게 파인 웅덩이나 얕은 물길이 있는 곳으로, 사방이 풀로 빙 둘러쳐져 있고 위쪽도 몇몇 풀잎들이 늘어져 외부에서는 웅덩이나 물길이 있는지조차 잘 모를 정도로 폐쇄적이다.

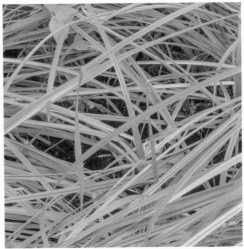

〈그림 163~164〉 산란하러 들어가는 풀 더미 내부

　웅덩이에는 약간의 물이 고여 있으며, 바닥은 진흙 질이 많다. 고인 물이 아니라면 물이 반짝거려 보일 정도로 질척한 진흙 펄인 경우도 많다. 암컷은 위를 덮고 있는 풀잎 사이를 헤치고 웅덩이로 조심스레 들어가 바닥 가까이에서 산란을 하는데, 산란하는 곳은 웅덩이의 가장자리 아주 얕은 물이 있는 곳이거나 질척한 진흙에 배를 때린다. 5센티미터 안팎의 높이로 상하 운동을 하며 아주 천천히 조용하게 움직이지만, 이 과정에서 어쩔 수 없이 풀에 날개가 부딪치므로 가까이 접근할 경우 그 부스럭거리는 소리가 제법 크게 들리기도 한다. 수컷은 이런 곳의 주변에서 매우 낮게 비행하며 곳곳의 풀 더미 속들을 들여다보며 암컷을 찾는다.

〈그림 165~166〉 풀 더미 속을 들여다보며 암컷을 찾는 수컷

〈그림 167〉 습지 풀밭: 바닥은 질척하며 움푹 파인 웅덩이들이 있다.

　다음으로, 위로는 나무의 가지와 잎으로 그늘이 지고 둘레는 억새 등 키 큰 풀들로 가려진 산지의 못, 또는 얕은 소규모 물웅덩이다. 가장자리의 얕은 물에 산란하거나, 주변부에 펼쳐진 진흙 펄, 물과 흙이 만나는 가장자리 흙이나 퇴적된 부유물에 산란한다. 암컷은 배 끝을 두세 번 찍고 이동하곤 하는 형태로 매우 빠르고 부산스럽게 행동한다. 작은 웅덩이의 경우 수컷은 이 공간에서 영역 비행 하며 안으로 들어오는 순간의 암컷을 노리는데, 수면 가까이 비행할 때 잠깐씩 정지하기도 하여 밑노란북방잠자리로 혼동하게 되기도 한다.

〈그림 168〉 진흙 펄이 있는 물웅덩이

〈그림 169〉 산지의 얕은 소규모 물웅덩이

마지막으로는 산비탈과 습지(묵논) 사이에 형성된 물길 또는 도랑이다. 산비탈의 나무들이 위를 덮어 짙은 그늘이 지워진 곳으로, 이곳에서 암컷은 얕게 정수된 곳이나 질척한 흙이 드러난 곳에 산란하는데, 앞의 물웅덩이에서 보여준 모습과 동일하다. 이는 그늘진 물길 또는 도랑은 또 다른 물웅덩이 형태라고 볼 수 있기 때문이다.

〈그림 170~171〉 진흙 펄에 산란하는 암컷

〈그림 172~173〉 물웅덩이 가장자리에 산란하는 암컷

〈그림 174~175〉 풀숲 속으로 들어가 산란하는 암컷

〈그림 176〉 진흙 펄 공간에서 암컷을 기다리는 수컷

〈그림 177〉 물웅덩이 수면 위를 낮게 날며 암컷을 찾는 수컷

〈그림 178〉 논에서 비행하다 벼에 앉은 수컷

시기가 빠른 서식지의 경우 6월 둘째 주 정도면 성충의 초기 활동이 관찰된다. 청동잠자리과 4종 중 가장 일찍 우화하고 활동하며, 가장 늦게까지 활동하는 종으로 10월 초까지 관찰된다. 특히 벼가 노랗게 익을 무렵이면 골짜기의 산자락 끄트머리에 잇닿은 경작지 논의 구석에서 벼 위로 섭식 비행 하는 수컷들을 매우 쉽게 발견할 수 있다.

〈그림 179~180〉 2023년 마지막 개체(2023. 10. 2.)

밑노란북방잠자리와 더불어 가장 이른 시간에 활동하는 종으로 이슬이 축축한 오전 7시 정도에 활동을 시작하는 것이 관찰되며, 저녁 햇살이 산을 넘어갈 때까지도 활동하는 것을 볼 수 있다.

수컷은 암컷이 산란할 만한 습지 풀밭 위, 또는 구석의 은폐된 그늘 지역에서 일정 영역을 맴돌며 비행한다. 비행하는 높이는 사람의 키보다 훨씬 높을 때도 있지만 묵논 구석이나 그늘진 영역에서 비행할 때는 가슴 이하의 높이, 심지어는 풀에 닿을 듯한 높이로도 비행한다. 비행하는 영역은 일정한 범위로 정해져 있어 그 비행 모습만 보아도 본 종임을 쉽게 알아챌 수 있다, 비행하다가 가끔·범위 밖 다른 곳으로 탐색을 다녀오기도 하고 섭식을 위해 작은 곤충을 따라갔다 오기도 한다. 영역 안으로 다른 수컷이 들어오기도 하는데 이때에는 서로 맹렬히 다투나 보통 기존의 수컷이 쫓아내는 편이다.

〈그림 181〉 풀밭 위에서의 비행

〈그림 182〉 풀밭 위에서의 비행

〈그림 183〉 공중 비행

〈그림 184〉 어두운 그늘 속 비행

수컷은 암컷을 기다리며 개방지 풀밭 위를 맴돈다. 또는 습지나 묵논의 구석에 나무로 인해 그늘진 곳, 아예 나무와 풀로 둘러싸인 웅덩이의 동굴 같은 곳에서 영역 비행을 한다. 특히 뜨거운 한낮의 직사광선을 좋아하지 않아 맑은 날 오전 10시 이후로는 개방된 공간보다 구석 또는 큰 나무 밑 그늘 속에서 활동하는 경향을 보인다. 그늘지고 동굴 같은 그런 곳은 한라별왕잠자리 수컷도 선호하는 공간인데, 본 종 역시 그 안에서 영역 비행과 정지 비행을 하는 등 매우 유사한 모습을 보여준다. 그러나 한라별왕잠자리가 비행보다 앉아 있는 시간이 더 많은 것에 비해 본 종은 비행을 오래 하며, 한라별왕잠자리가 앉을 때 지면 가까이 매우 낮게 앉는 것에 비해 본 종은 가슴 높이 정도 이상의 나뭇가지나 키 큰 풀 위에 앉는다.

암컷이 산란 장소를 찾아오거나, 산란을 끝내고 날아오를 때 수컷은 재빨리 암컷의 머리를 잡아 공중에서 짝짓기를 한다. 짝짓기를 한 후 그 주변을 3~5분 정도 휘휘 맴돌다가 앉기에 적절한 나무를 찾아 날아간다. 멀리 날아가기도 하지만 주변 가까운 곳에 앉는 경우도 자주 있으며, 나무의 본줄기에서 뻗어나간 가지에 매달리듯 앉는다. 짝짓기가 풀리는 데까지 걸리는 시간은 매우 길어서 최고 5시간을 앉아 있는 경우도 있었다.[18]

---

18 2023년에는 한 쌍을 대상으로 시간을 측정하던 중 3시간이 넘어가므로 포기했었다. 2024년에는 작심하고 두 쌍을 측정한 결과 한 쌍은 3시간 5분, 다른 한 쌍은 5시간이 지나 짝짓기가 끝났다.

〈그림 185〉 짝짓기(2023. 7. 7.)

〈그림 186〉 짝짓기(2024. 7. 12.)

분포 지역에 대한 오해와 과제

　지금까지 본 종은 강원도 고성군 지역에서만 관찰이 가능한 것으로 여겨져 왔다. 그러나 이는 사실과 다르며, 태백산맥 너머 영동 지역이 수도권에서 멀리 떨어진 지역인 탓에 꼼꼼한 조사 작업이 이루어지지 못했기 때문이다. 심지어 고성군이라 할지라도 특정된 곳에서만 관찰된다고 생각하는 이들이 많으나, 앞에서 말한 것처럼 필자의 조사로는 군 지역에 두루 광범위하게 서식하고 있었다.

　필자는 고성군에 한정된 서식지 설정에 오랜 기간 의문을 지니던 중 지인의 제의에 따라 2024년 6월 강원도 양양군을 탐사해 보기로 하였다. 우선 지도를 통해 적절한 지형이 형성되어 있는 곳들을 물색하고, 그중 논으로 경작하다가 묵논이 되었을 만한 곳을 2곳 찾아 대상지로 삼았다.

　첫 번째 대상지에 도착하여 몇 걸음 옮기자마자 앞서가던 지인으로부터 청동잠자리류가 보인다는 외침을 들었고, 급히 따라가 확인하니 본 종으로 보였다.

〈그림 187〉 양양군 양양읍의 삼지연북방잠자리(2024. 6. 18.)

기존 관찰과 다름없이 산 그늘 공간을 영역 비행 하다 나뭇가지에 앉기에 카메라로 담아 확인해 보니 틀림없는 본 종이었다. 이후로 위쪽으로 올라가면서 습지 풀밭에서 2개체, 묵논 위에서 2개체 등 활동 초기 개체 수로도 양호하였다. 너무 일찍 과제가 해결되었고, 두 번째 대상지는 가볼 필요가 없게 되었다.

이로써 본 종이 고성군에서만 관찰되는 종이 아님을 확언할 수 있게 되었다. 앞으로 서식 지역에 대한 추가적 조사가 필요하다.

한라별왕잠자리
생태관찰기록지

초판 1쇄 발행 2024. 9. 25.

지은이 전형기
펴낸이 김병호
펴낸곳 주식회사 바른북스

편집진행 박하연
디자인 한채린

등록 2019년 4월 3일 제2019-000040호
주소 서울시 성동구 연무장5길 9-16, 301호 (성수동2가, 블루스톤타워)
대표전화 070-7857-9719 | **경영지원** 02-3409-9719 | **팩스** 070-7610-9820

•바른북스는 여러분의 다양한 아이디어와 원고 투고를 설레는 마음으로 기다리고 있습니다.

이메일 barunbooks21@naver.com | **원고투고** barunbooks21@naver.com
홈페이지 www.barunbooks.com | **공식 블로그** blog.naver.com/barunbooks7
공식 포스트 post.naver.com/barunbooks7 | **페이스북** facebook.com/barunbooks7

ⓒ 전형기, 2024
ISBN 979-11-7263-152-9 93490